中国活法

Ⅱ

Chinese Style

张子毅 著

人民东方出版传媒
東方出版社

善于应变，与时俱进

——序张子毅《中国活法Ⅱ》

李肇星

《中国活法Ⅱ》问世，替年轻学友、本书作者子毅高兴。在互联网发展迅速、纸媒逐渐萧条、对企业家著书褒贬不一的年代，他依然初心不变，一字一句地将自己对社会进步的认识和对人生阅历的感悟记录成册，需要多么坚卓的毅力！

如果说《中国活法》摆实事，讲道理，展示了一个我们最熟悉却也最陌生的时代，那么从这本续篇中，我们能更清晰地看到伟大祖国近两年在经济、社会、文化等领域的可喜巨变以及我们自己素质的些许提升。

写作本书过程中，恰逢子毅迈入四十岁关卡，到了“遇事能明辨不疑”的年龄。我们也真在书中可以看到作者历经两年再学习，对人对事态度的美丽转身。本书第四章强调在媒体时代更要注重说真话、讲公道。第五章说“网络募捐，你的真诚比黄金更珍贵”，这样教人明辨是非的文字就相当可贵，是劝同龄人淡泊个人名利、己达达人、己悦悦人的箴言。

与子毅闲聊时，他曾谦虚地说，个人认为《中国活法》写得不完善，很多事和道理未讲清，自己的真实想法也没完全表达出来。我估计，过不了多久，他对自己这部新作也会有类似的自责之心。这两年，他走过的路、遇见的人、经历的事林林总总，变化是常态，并非他阐述得不透彻，而是人的改变往往很难跟上客观变化的步伐。本书说得对，为人处世永恒的学习任务是：学习顺应时代发展、顺应民心发展，把不断满足人民对美好生活的向往定为终生奋进目标。

相信各行各业年轻朋友品读这本墨香尚存的新书后会各有各的收益。

2017年9月21日自浙江台州仙居“一带一路”论坛结束后，飞往重庆国际经贸合作交流会的国航航班上。

思考，给你的温润一把利剑

——《中国活法II》序

2016年，我曾写作《中国活法》一书，未曾想自己粗浅的解读能受到青睐，这于我而言，十分荣幸。

自写作《中国活法》，我的生活颇有改变，这改变并非来源于浮华虚名，而来自内心。如果说曾经的我“看山是山”，那么《中国活法》的写作让我“看山不是山”，因为我已经形成了一种习惯，那就是另眼看世界。

一个事件从萌芽，出现，发展，到解决，人们在波澜起伏的情节中找寻关注点，而我更愿意以关注点为契机，洞察当今社会细枝末节的因果联系，探索事件背后鲜为人知的矛盾根源。每次的顺藤摸瓜，将“不知道的不知道”变为“知道的不知道”，再变为“知道”，求真的狂喜都让人感到充实。

简而言之，我学会了思考，这真是一件幸福的事情。

当我能站在自身以外，以旁观者眼光去观察热点新闻事件，以更高视角分析时事变化，这一过程不仅仅有获取信息的快乐，更是深度解读思维方式的构建。基于这一原因，我萌生了继续写《中国活法Ⅱ》的想法。

生活中，我极为随和，但思考上，却又极为严谨。对学问的“较真儿”，让我决不浅尝辄止、不求甚解。这并不矛盾，因为探究事件本质的过程本就是一个与社会和谐、与他人协调、与自己和解的过程，因而我得到了更加开阔的眼界和更加宽容平和的心态。

我将这样的思维运用到生活中，透过现象看本质，进而指导行为，为我省下不少气力。事实如此，若人们能够把握、分析事物的内在联系，就能变得智慧，这是思考对生活的影响。得益于以小见大、管中窥豹，善于思考之人在对待他人难以忍受之事时，更能理解与包容。

学问亦是如此。思考能超越功利心，让人获得宁静。善于思考之人，是不屑于将思考兑换成真金白银的，因为思考本身带来的快乐足以享用终生。

如果你曾绞尽脑汁，翻越书山，理清因果，你便会格外珍视这份成果。为了更好地爱惜它，你会更愿意分享。

所以，《中国活法Ⅱ》便是我与大家分享近年来自己对热点事件看法的“传情白鸽”。《中国活法Ⅱ》中，有喧闹一时的群众事件，例如，内蒙古玉米案、罗一笑事件、八达岭老虎咬人事件；有概念的分享，例如，极简主义的生活，依法治国；也有对新现象的思考，例如，互联网金融……

对这些事件的解读源于我粗浅的认识，但也是无数日夜思考的成果。无论读者朋友是否认同这些观点，我们权当是朋友间秉烛夜谈的言笑。我坚信，思考的力量，能够将我们拉得更近。

温文尔雅，明辨是非，谦和致远，高屋建瓴……若世间有什么东西能让人锋利而不尖酸，刚强而不执着，坚韧而不顽固，那大概就是思考吧！

目录

第一章 参与感：从旁观者变为参与者

2017 年初，一部反腐大剧《人民的名义》破空而出，在众多古装剧、偶像剧、青春剧盛行之时突出重围，赢得了超高的收视率和极好的口碑。收视率破 5，豆瓣评分接近 9 分，在微博热搜排行榜上亦是居高不下，堪称难得一见的“现象级”现实主义影视作品。

《人民的名义》以反腐为题材，真实地再现了一系列腐败与反腐败的案件，深度剖析了腐败从形成到危害人民利益的全过程，串联了腐败给社会经济、民生等各方面所带来的不良影响。题材挖掘之深，解剖力度之大超过了以往许多同类题材的影视剧。让观众在观剧过程中受益匪浅，点头称赞。

无论是街头巷尾，还是大庭广众，都能听到人们对这部“良心大剧”的热议。这不禁引人深思：《人民的名义》为何能引发如此巨大的关注？其背后体现的是什么样的社会诉求？“人民的名义”究竟有何含义？这次，我们就来谈谈这部引发“舆论狂潮”的反腐剧，探究其“火起来”背后的深层原因。

物品的价值在于它被需要

《人民的名义》一炮走红，引发收视热潮，堪称2017年影视界的一道风景。在大叔小伙、官员百姓众口议论之中，该剧在人们的密切关注下迎来了全剧的完结。近年来，虽然火了的剧有很多，但是一部剧能够带来如此大的观众效应，或许还是头一次。我们自然免不了要问：为什么这部剧能够走红呢？

许多影视剧之所以红，是因为有吸人眼球的题材，或是有炙手可热的明星出演，但是，《人民的名义》一剧似乎并没有将重心放在形式上。题材恰恰是很多年轻人不爱看的政治题材，而剧中除了陆毅算得上“偶像派”，其他演员似乎并非抢眼的帅哥靓女，那么，为什么这样一部电视剧能够获得男女老少各个年龄段的人的喜爱呢？

其实，原因并不复杂。拨开谜团，最直接的原因无非就是观众有需求而已！当然，之所以说是最直接的原因，是因为这种需求的存在，也有着多方面的因素，而那些更多的因素才是最根本的原因所在。毕竟，所有源于美好初衷的事物都值得尊敬。

首先，反腐现实题材在影视剧市场上的稀缺为该剧带来了“火爆”的前提。由于反腐类、政治类的剧集题材较为敏感，因此有很长一段时间在电视荧幕上“断档”。而充斥其间的则是各种穿越剧、宫斗剧、玄幻剧、青春偶像剧和“抗日神剧”等。我们不能说这些剧没有存在的价值，但是多则必滥。正是这种现象，使得《人民的名义》成为电视剧行业中的一股清流。

近年来，国产电视剧“古装剧却无历史根据，玄幻剧多成胡编乱造，宫斗剧频频女主逆袭，青春偶像剧全靠小鲜肉颜值”已成常态。许多电视剧一味迎合观众，导致剧情雷同、千篇一律，抄袭模仿、粗制滥造之风盛行。更有甚者，一切以收视率为准，宁愿请大牌来撑场，也不愿意在编剧和效果上多下功夫。事实上，正是因为许多国产电视剧制片人的观念已经发生了扭曲，才会造成这种乱象。

长此以往，势必造成观众的审美疲劳。观众的眼睛经不起那么长时间的欺骗，电视剧粗制滥造之风也让人们感叹“无好剧”，所以才会让人们对好剧的渴望越来越强烈。而就在此时，《人民的名义》这部现实主义题材的作品突然杀出。该剧无论是从题材还是从情节设置来说，都属精品。因此，人们在看倦了玄幻的“五毛钱特效”和抗日神剧“手撕鬼子”的桥段之后，突然看到《人民的名义》这样的电视剧，就会感到十分震惊和难得，耳目一新，对其的印象分就加了不少。

其次，演员量身定做式的角色诠释为作品增色不少。如果说题材新颖还只是该剧受到人们喜欢的原因之一，那么角色的完美饰演则是锦上添花。有很多电视剧缺乏的不是新奇的想象和新颖的想法，而是一味追求名人效应，请炙手可热的明星来出演，而不根据角色量身选角，导致因某些演员毁了整部剧。而《人民的名义》在剧本创作、人物塑造、演员演技方面有诸多可圈可点之处，可以说很好地展现了国产电视剧的创作功力。

在《人民的名义》中，演员的选择算得上是恰到好处。无论是老戏骨，还是荧屏新人，毫无疑问，他们都对角色进行了完美诠释。演员本身虽然是多变的，但其自身气质容易让人产生代入感。正是这样特别的演员选择，让这部电视剧出现了丰富的层次感，让观众能够沉浸其中，跟着剧中的人物同喜共忧。

全剧一开始那个生活俭朴，住老房子，吃炸酱面，骑自行车上班，可在其豪宅里藏着2.4亿元现金的赵德汉，让人无法不想起现实中那个买豪宅藏巨款，从家中搜出的现金刷爆几台点钞机的国家能源局煤炭司原副司长魏鹏远。饰演赵德汉的侯勇，用逼真的演技，将这个“小官巨贪”演绎得淋漓尽致、入木三分，被广大网友评为“演技炸裂的老戏骨”。而像侯勇这样的演员在剧中比比皆是，一部剧拥有如此之多的优秀演员，是成功的必然因素。

再次，更为重要的是该剧所表现出的“真实性”。一直以来，对于大量脱离现实的所谓IP剧充斥电视荧幕，不少人认为是作为观剧主力的年轻群体的偏好所致，认为年轻人就爱游戏、玄幻、青春爱情类题材，而对政治题材缺乏兴趣。但是，《人民的名义》一剧的热播，尤其是在年轻人间的流行，打破了这种成见。

剧集开播不到半月，就刷爆了网络和朋友圈，以至于有人说：不看《人民的名义》，已经没法跟人聊天了。从达康书记的表情包到以各种人物搭档偏好分类的“粉丝团”，年轻人通过剧作细节的标签化，分享和巩固着自身的价值观念。这种分享甚至超越年龄层，成为年轻人与父母长辈、领导上司之间沟通的一个契机。反腐作为转型期的一个焦点话题，成为代际间价值观念交流的桥梁。

在刻画祁同伟“拍马溜须”的时候，身居高位的他居然挥起锄头，在陈老后院除草，还为领导死去的亲人哭坟。这些场景，都将“拍马屁”的真实场景刻画得栩栩如生。为了自身政治前途，他不要尊严，曲意逢迎；而面对人民群众，他却作威作福、自高自大。这和现实中的许多官员是多么相似啊！面对上级领导，他们卑躬屈膝、阿谀奉承，面对人民群众，他们颐指气使、作威作福。正是通过对官场生态和腐败行为的细致还原，使得这部电视剧得到了许多观众的认可和肯定。

其实，大多数观众尤其是年轻观众并不排斥政治题材的电视剧，他们讨厌的是脸谱化的人物，以及脱离实际的说教。美剧《纸牌屋》的走红早就说明了这一点。《人民的名义》在这方面做得十分出色，塑造了一批鲜活的正面人物形象：侯亮平、沙瑞金、陈岩石、赵东来，他们个性鲜明，血肉丰满，是人民的希望所在。该剧还生动展示了丁义珍、祁同伟等一批腐败分子堕落的过程，提醒我们诱惑就在身边。剧中有不少情节，本身就是以现实中发生的真实案件为蓝本。

最后，也是最为重要的一点就在于，它反映着当前中国反腐败斗争的实践，回应着反腐败的民心所愿。虽说跌宕的剧情、真实的演绎对本剧的成功功不可没，但无论是怎样的电视剧，只有真实地反映了我们现实生活中百姓最关注的话题，承载了人民的不平、不满，才更容易让人产生某种现实代入感。

《人民的名义》是现实反腐斗争的艺术再现，体现了文艺创作与时代同行的主旨，反映的是民心所向，所以一经播放，就迅速引发广大人民的追捧和热议。在过去的很多年里，人们对于贪污腐败这一现象避而不谈，可是这一现象已经对社会造成了很严重的影响，人们需要正视这个问题。可以说，这部剧是“应运而生”，它的走红充分说明当前的观众同样会为这种拥抱现实的主旋律作品“点赞”。反腐剧在阔别市场多年后，一朝归来便成王者，已经说明了许多问题。

《人民的名义》之所以能火，靠的不是博取眼球的题材，更不是偶像派明星效应，靠的是人民的支持和喜欢。人民喜欢和支持的必然是站在人民立场、能够为人民发声的作品。人民群众需要这一类电视剧，是发自内心的诉求，因为在电视剧的深度解剖中人们寻求到了答案，在真实性的演绎中人们得到了满足。这部剧代表了许多人的心声，是应运而生之下符合人们心理诉求的好剧。

或许是人们已经受官员腐败的荼毒太久，而《人民的名义》让观众可以一泄心头之恨，更对我们所处时代的反腐进程充满了乐观情绪，所以此剧受到人们的欢迎。事实上，中国官员的腐败问题也确实存在，人们因为官员的腐败而受到不公正的待遇的例子已经太多，所以现代社会反腐的呼声越来越高。中央的反腐行动，为中国当代社会的反腐倡廉，开了一个好头，《人民的名义》又在反腐热潮将退未退之际，重新勾起了人们对反腐的重视和关注。

我们在为《人民的名义》一剧的成功欢呼鼓掌时，却有另一个疑问袭上心头：既然这样的现实主义题材如此受欢迎，观众也如此支持，为何却在市场中缺位多年？

真正的变革从不披着伪善的外衣

反腐剧的存在，就是因为有腐败，但并不是说没有反腐剧，腐败就会不存在。事实上，任何时代，腐败都不会灭绝，这是无法避免的。而如今，《人民的名义》重磅回归，其反映现实的尺度之大，令人惊讶，早已超过了以往“写贪官不能高于厅级”的“创作红线”。在这背后，如果没有相关部门的鼎力支持和鼓励，是很难想象的。而其所展示的，不仅是党和政府更加强大的信心，还有将反腐坚持到底的决心。只有敢于直面问题，才能更好地解决问题。

由此可见，相关部门已经意识到了腐败对于社会的严重危害，并且下了大决心，既要“打老虎”，也要“拍苍蝇”。那么，《人民的名义》是在怎样的现实背景下进行创作的呢？党的十八大以来，一批腐败分子被绳之以党纪国法，周永康、薄熙来、郭伯雄、徐才厚、令计划、苏荣等高级领导干部落马，体现了党纪国法面前人人平等的原则，表明了党中央坚定不移惩治腐败的鲜明态度，显示了猛药去疴、重典治乱的决心，以及刮骨疗毒、壮士断腕的勇气。

2015年，习近平总书记发表新年贺词，在1371个字的贺词里，“正风”“反腐”高频出现，给海内外留下了深刻的印象。正是在这重要的历史关头，文学创作紧跟时代步伐，积极映射现实，回应人民群众的关切，响应社会的需要，敢于将笔锋指向腐败这一领域，从而让反腐这一题材再次“热”了起来。而文学创作的反腐之风，带动了其他艺术领域的反腐正气，从而在影视、歌曲、公益广告等艺术表达形式之中，皆能看到反腐的影子。

敢拍，是因为政治环境的自由，更是因为人民群众的需求。通过《人民的名义》播出后备受热捧的现象，足以证明优秀的现实题材作品不会受到冷落，反而是在历史进程中经久不衰的经典。对此，有人不以为然，认为这不过是利用了老百姓对腐败的好奇心而已，此言可谓差矣。人民群众对于反腐一事的关注度加大，对于今后的反腐正本清源有着巨大的意义和深远的影响，《人民的名义》的热播，其重大意义，至少体现在以下几方面。

首先，该剧适应了公众期待了解腐败行为发生全过程而非单纯知晓结果的新要求。长期以来，公众对贪腐案件的了解，多是来自案件判决书或新闻报道，信息往往局限于房产几套、金额几何、利益输送人员有几个，对腐败行为发生的全程难以知晓。案情披露固然触目惊心，但往往只是结果的呈现，没有丰富的细节，缺乏过程的展现。而电视剧则不同，不只有血有肉、有内在逻辑，观众还可以结合自己的理解而参与其中，在剧情的演绎之中，可以以第三视角完整地把握贪官们的心理及事情的来龙去脉。

在此之前，一些公众时常有疑惑：腐败行为到底是怎样发生的，腐败官员和利益输送者之间达成的协议会不会变卦等。这些疑问徘徊在很多人心中，人们想要寻求事情发展的脉络，但是往往无法知晓全部过程，只能管中窥豹。《人民的名义》这部反腐剧，正是通过讲故事和塑造人物，把官员贪腐的过程、心理变化、利益输送的办法等进行了充分展示，让公众对腐败发生的全过程有了全面、形象的了解，也因此有着更大的教育、感化意义。而这，也是判决书或庭审实录不及艺术作品的地方。通过更加完整、详尽的艺术再现，公众可以将自己的价值判断和观剧体验融入其中，对整个事件有更加清晰的认识，并形成自己的见解。

同时，剧中展示的腐败官员在面临利益输送时，毫无顾忌地将党和人民的利益作为交换筹码的场景，让人对腐败行为的危害有了更深刻的感受。剧中更把视角投向或被腐败侵害，或同腐败做艰苦斗争乃至腐败分子本身这样的个体，把腐败与反腐败斗争具象到一个个活生生的人和一个个具体的故事，其中有贪婪、有恐慌，有纠结、有决绝，充分展现了人性的丑恶和光辉。这些个体的不同境遇，可以说每个都现实存在着，让公众对腐败害党、害国、害民、害己有了更深切的感受。

在剧中，陈海为了反贪，始终坚持自己的立场，却因涉案之人制造的车祸成为植物人。类似的情节会让观众感到痛心疾首，因为正义可以如此简单地被人摧毁，黑暗势力可以如此猖獗。陈海是反贪局长尚且遇害，如果是普通老百姓，结局会怎样，简直不堪设想。因此观众在观剧过程中，会更加身临其境，感受到自身利益所面临的威胁。

其次，该剧回应了公众消除反腐败工作神秘感的新要求。各级党委、政府特别是纪检监察部门一直把公众作为反腐败工作架构中的重要力量，但普通民众对反腐败工作到底是怎样进行的，除了关注声援还能做什么、怎么做，心中没底。反腐败工作过去一直给人一种神秘感，群众只闻其声，很难了解反腐具体工作是怎么运转的，导致一些民众虽有参与反腐败斗争的愿望和热情，但缺少基本的信息渠道，也缺乏必要的训练。

消除这种神秘感，是党的十八大以来反腐败斗争进入新时期、新阶段后，公众的新期待、新要求。这部反腐剧原汁原味地展示了反腐败工作的全貌，有诚意地还原反腐败政治生态，公众长期以来百思不解的问题、疑惑，有的得到了印证，有的得到了解答，会让观众有种“原来如此”的感受，更加了解反腐工作是如何进行的，更加理解反腐工作所面临的难题，更加明白反腐工作仍任重而道远。

再次，这部剧让公众以“第三视角”直接参与到反腐败斗争中，毫不避讳地全面展示了反腐败斗争的艰巨性、复杂性。

其中既能看到党委、纪委坚决惩治腐败的决心，也能看到贪官的狡猾、斗争的复杂，甚至把反腐败斗争中的一些无奈、拉锯等现实问题都真实地展现在公众的面前。观众能够全面、详细地看到，围绕着腐败问题，正义和邪恶的较量过程，迎合公众了解和参与反腐败斗争的信息诉求和积极愿望，有血有肉有泪，细节毕现，无疑是一次很好的反腐斗争形势教育。

最重要的是，这部剧充分展现了执政党持之以恒推动反腐败工作的决心。党的十八大以来，中央打击腐败工作力度空前，反腐成为中国政治生活的重要主题。但随着一批大案要案尘埃落定，也有公众开始对反腐败工作下一步怎么走产生疑惑。这部反腐剧在故事设定中，将剧中的重大腐败案件同党的十八大以来现实中查处的大案要案以及舆论关注度高的“热案”相互呼应。如果没有相关部门的参与和支持，不可能掌握到如此详尽的信息。

敢于把自身查办的重大案件原原本本展现在荧屏上，显示的正是中央将反腐败斗争进行到底的决心，是对惩治腐败“刮骨疗毒”式的勇气，并再次向全社会发出了“党中央坚定不移反对腐败的决心没有变，坚决遏制腐败现象蔓延势头的目标没有变”的明确信号。这部剧的播出无疑是在向人民群众发出一个讯号，那就是党中央已经关注到了人民群众关心的问题，并且意识到了其严重性，如今正在采取措施，对党内的歪风邪气进行整治。

可以说，这部反腐剧彰显了党中央同腐败行为斗争到底的鲜明态度和坚定立场，成功地把中央的决心传递给了公众，进一步凝聚了人心、夯实了共识基础，让公众对赢得这场输不起也决不能输的斗争充满信心。人们对此喜闻乐见，心中也充满了底气。给这部反腐剧“点赞”，正是公众对中央决心的正面回馈。而相信在将来，受到这份决心鼓舞的群众，在面对反腐一事上不仅仅会“点赞”，更会用实际行动来表明决心，真正做到以人民的名义行使好监督权，为营造良好的政治生态奉献自己的力量。

反腐题材电视剧从被冷落到被追捧，这背后不仅是制片人和观众关注点的改变，更是政治环境的改变，是反腐斗争进行的程度的改变。《人民的名义》的顺利播出和备受青睐，不仅让广大观众看到了反腐斗争胜利的曙光，也让中央看到了人民群众对于反腐的呼声和支持，进一步证明了，在如今这个新的社会中，大力反腐倡廉，是势在必行、顺应民心的。

剧集的热播，也带来了一个问题，片名“人民的名义”究竟所指为何？最直观的解释，大概是剧中侯亮平的一段台词：“腐败给国家和人民带来的伤害最后还是要以国家和人民的伤痛去消解，痛苦是在所难免的，就比如说，我们把一个个贪官都抓起来，以人民的名义将他们绳之以法，可是那些贪官给国家形象带来的伤害和给人民带来的痛苦，必须由漫长的岁月去承担。”的确，“反腐”就是以人民的名义，将贪官绳之以法。但是否其意思仅止于此？细细思考，其实还深有内涵。

早在几千年前，中国人就已经意识到了“人民”对于国家和社会治理的重要性。《尚书》中云："民为邦本，本固邦宁。"儒家先贤孟子也曾说过："民为贵，社稷次之，君为轻"，以此规劝从政者贵民爱民。历朝历代的封建统治者，出于自身统治的需要，尊奉儒家理论，自然也要摆出一些"爱民"姿态。虽然"国以民为重"时常出现在封建律法里，只可惜骨子里还是为自己的阶级和利益集团服务，并没有真正实现为人民服务。

于是时间一久，"民为贵"的虚伪面纱逐渐剥落，各种害民之举层出不穷，于是整个国家也就一蹶不振，最终被历史洪流所淹没，被新政权取而代之。无论是黄袍加身，还是揭竿而起，新势力为了取得政权，常常打着人民的旗号，可新政权在最初的励精图治后，也都会渐渐走上这条老路，最后难免覆亡。这就是所谓"历史周期律"。历史似乎是一个轮回，一次一次上演着反抗与压迫。

当年民主人士黄炎培到访延安，曾提出一个著名问题：中国共产党有没有办法跳出历史周期律？毛主席的回答很自信：靠人民来监督政府，就不会发生人亡政息的问题，就可以跳出历史周期律。为什么政府要人民监督？因为政府的权力本就得之于民。人民是权力的来源，那么获得人民支持的政权就必然需要将人民利益牢记在心。

打破惯性思维，提升对事件内涵的认知

近代法国启蒙思想家卢梭曾提出"社会契约论"，明确指出

"主权在民"，当政者的权力来自民众权力通过社会契约而实现的让渡。这一理论构成了现代国家政体的基础。中国共产党也始终奉行"立党为公、执政为民"的原则，将人民的利益放在首位。这可以说是对政府以"人民的名义"行使执政权的高度概括。"水能载舟，亦能覆舟"就是这个道理，当政者的权力来源于人民，因此最终也应该体现人民的意志。

可惜的是，在现实中，有些官员虽然嘴上说执政为民，实际上却受到传统思想糟粕以及当今社会拜金主义的侵蚀，骨子里推崇"官本位""钱本位"而非"民本位"。大权在握，不但不为民谋福利，反而把人民赋予的权力当成自己的"实力"，谋私利、忘大义。他们表面上打着"人民的名义"的旗号，实际所作所为却是损民害民，把人民当梯子，出卖人民的利益只为自己升官发财。这种人如果达到一定数量，政治生态就必然恶化。

《人民的名义》一剧中，李达康的妻子欧阳菁为什么会收受贿赂？其实她不缺钱也并不想收这笔钱，但其他环节的人都在收，她不收这笔钱别人也没法拿。这才是贪腐的可怕之处：通过利益圈子和潜规则运作，将那些本无心于此的人也通通拉下水。贪污已经不仅仅是为了谋私权了，而是一种黑暗政治环境下的惯性行为。那些贪污分子，没有将人民的利益放在首位，在损人不利己的道路上越走越远，实在让人痛心。

如何才能破解这个难题？其实也很简单，只要心里始终有人民，就能懂得"人民的名义"的真正含义。心中装着人民，才能从群众中来到群众中去；心中装着人民，才能严于律己身怀责任；心中装着人民，才能服务于民而非作威作福。剧中的沙瑞金、侯亮平、陈岩石等人，正是因为心怀群众，才能在复杂的反腐斗争中始终保持本心，以“人民的名义”，让一个个贪官原形毕露，将贪官绳之以法。

在《人民的名义》中，老同志陈岩石着实让人感动，在大风厂员工争取自己的利益时，他以身护民，独自一人面对拆迁队的挖掘机。他之所以能够为群众办实事，以人民的立场看问题，是因为他和人民群众有着深深的血肉联系，老党员、老同志正是因为经历过战争，才明白军民同心是克敌制胜的关键。而如今许多官员，已经脱离了与人民群众的血肉联系，变得高高在上，又怎能理解人民的想法和懂得人民的需要？

也有人看了本剧后感慨，虽然剧名叫“人民的名义”，可反贪反腐反来反去，都是反贪总局的戏码，真正的“人民监督”又在哪儿呢？

其实，剧中虽然更多着力塑造了侯亮平这样的一线反腐官员，但也不是只有这些“大人物”，剧中还有很多“小人物”，在关键时刻起到了关键作用。比如工会主席郑西坡那个看似不务正业的儿子郑胜利，比如提供剧情反转关键证据的宿管员丁秀萍，比如那个并不身居高位也不是主要角色的陈群芳……他们都以自己的方式，参与到这场反腐斗争之中，并为之贡献了一份力量。

所以，反腐并不仅是中纪委和反贪总局的事，它和我们每个人都息息相关。关于这一点，我们可以跳出剧情，从这部剧的筹备开始，谈谈那些现实生活中为之贡献力量的人们。

嘉会文化创始人高亚麟是《人民的名义》最大投资方，占比 40%。他一开始只把这个项目看成简单的投资行为，制作和发行都不需要操心，1 亿元的盘子，嘉会文化投 2000 万元，占比能达到 20% 就行。他当时还说："我估计一般投资人没有这么干的，因为我是第一次才这样干。"

然而让他们都没有想到的是，嘉会文化签完合同，款还没打时，之前几家主投资方和发行方就发生了变故，他们认为成本太高，风险太大，居然全部退出了。高亚麟看好这个剧本的稀缺性，也不能看着好友导演李路有难而见死不救，最后他投资了 4000 万元。正是这个大胆的决定，让高亚麟赚得盆满钵满、名利双收。

《人民的名义》不仅赚足了舆论热度，也赚回了投资成本，更有盈利，投资回报率高达 83.3%。

而更令人感动的是张丰毅、陆毅、吴刚、柯蓝、张凯丽等 40 多位老戏骨因为被剧本打动，片酬都只要了友情价。他们的总片酬只有 4800 万元，不及一个当红偶像的个人片酬。老戏骨陈道明，在筹备期间，隔三差五去剧组出谋划策。遗憾的是，那时演员都已经到齐，再无法加一个临时角色，只能等拍摄续集时，让这位影帝级人物给我们带来精彩表演。

为何如此多的德艺双馨的老戏骨都愿意加盟此剧？因为他们都看到了此剧的精神内涵、它能带给观众的震撼以及它的社会价值。

而《人民的名义》一剧大火，功劳归属从源头而言，应是编剧周梅森。这部经历了长达8年创作的呕心沥血之作，曾6次易稿，修改了几百次。为让故事更真实，他深入省检察机关一线体验生活，亲自到监狱、反贪侦查指挥中心等地采访调查。后来，有人问他“是否认识很多高官”时，他答：“是认识很多，只是有一半都进去了。”

周梅森表示，现如今，国家的反腐斗争，是一场大硬仗，文学领域亦要紧跟国家政策，跟随时代发展的步伐。最高人民检察院影视中心专职副主任范子文，是他的好朋友，在这位具有敏锐眼光的专业友人鼓励之下，《人民的名义》一书，历时8年，终于搬上荧屏。

正是社会各界人士，集资源优势，倾力相助，才使得《人民的名义》这样一部好剧，走进观众视野。我们也期待第二部的到来，期待看到更加精彩的故事。

然而，看剧是为了艺术享受，更是为了思考剧中反射的社会现象与人生哲理。所以，关于《人民的名义》话题，我们仍可以继续深挖。因为，只有打破惯性思维，才能提升对事件内涵的认知，这正是人们在日常工作与生活中应该持之以恒追求的高度，亦是对社会发展所应承担的责任与义务。

置身其中，培养主人翁意识

一个人民监督权能有效发挥的社会才是一个良性社会，《人民的名义》以影视剧的艺术表现形式揭露了贪污腐败的深层原因，展示了贪污腐败的全部过程，剖析了贪污腐败的发展脉络，这从某种程度来说，本身就是人民监督权的自由发挥和实现。在这样一个开放的社会，人民才敢于说出心中所想，才敢于演绎如此“深度话题”，而这样一个开放的社会，能够促进人民权利更好地行使，为以人民名义伸张正义提供了良好例证。

或许，单以人民内部监督的力量，对于贪污分子难具致命杀伤力，但当人民的监督形成了一种社会行为，每个人都将监督作为自身的权利来行使，必将会形成合力，对贪污腐败分子产生威慑力。因为人民的监督是符合情理，更是符合历史的，虽然一个人的监督并不足以威慑所有贪污分子，但只要形成良好的监督风气，就会对所有的贪污腐败行为构成强有力的威慑。

《人民的名义》已经结束，但是反腐还在路上，且永远不会完结。屏幕里的反腐大戏固然好看，但如果仅止于此，那也不过是又一部热剧而已。如何让现实主义题材作品能够反照现实，影响现实，在这方面，文艺工作者仍有努力的空间。

反腐败斗争之所以如此受民众关切，是因为政治生态环境的优劣，直接关系到人民群众的切身利益。一个腐败横行的社会，社会道德必然失范，人民定不能受到公平对待。久而久之，社会的公序良俗也会被颠覆和破坏，令整个社会承受巨大的损失。

而在当代社会，腐败问题的确已经到了需要引起我们注意的地步了。在大部分党员干部清正廉洁的同时，仍然有许多“老鼠屎”蠢蠢欲动，将党纪国法置之不理，为一己之私牟取暴利，这些贪污分子是国家的蛀虫，对人民群众的影响是巨大的。

现实社会并不像电视剧一样，可以收获圆满的大结局，因为生活本没有结局。或许反腐倡廉的行动已经取得了许多成绩，如今社会政治环境已经得到了正本清源，但是腐败就像细菌一样，是无法消灭完的。一旦我们掉以轻心，就给许多贪污腐败分子可乘之机，从而兴起贪腐的不正之风。

但是，随着制度的不断完善，人民思想素质不断提高，民众监督权利行使更加主动，公务员队伍自身建设也不断强化，贪污问题将会得到更好的治理，对社会的影响也会越来越小。

如果通过这样的反腐剧集，可以让民众更深切了解腐败之害，在受到启发的同时更加热心于对贪污腐败的监督权的行使，多几个郑西坡这样的群众，让更多人参与到反腐过程中，让人们真正懂得“人民的名义”，正义才能更好地得以伸张，这部剧的现实意义才称得上真正实现。

第二章 『极简主义』：将注意力从复杂的环境中解脱出来

近年来，“极简主义”生活方式悄然兴起。从表面上看来，“极简主义者”所推崇的，似乎就是抛弃生活中多余的部分，只留下生存所必需的那部分，从而达到对简单自由生活方式的追求。确实，在这个物质与信息日益冗余，消费主义和拜金主义甚嚣尘上的社会中，“极简主义”宛如一股清流，令人眼前一亮。

早在几年前，央视记者在街头进行“你幸福吗”的调查采访，就得出民众生活幸福指数普遍偏低，并呈下降趋势的结论。可见幸福生活的关键，不在于物质世界是否丰饶，而在于精神世界是否充实。

所以，“极简主义”所推崇的精简、精致的生活方式，被越来越多的人所了解和接受，甚至连《人民日报》也多次提及并推荐这一生活方式，为其摇旗呐喊。

那么，“极简主义”到底是一种什么样的主义？“极简主义者”有哪些更深层次的追求？我们为何，又如何去践行极简主义呢？这是我们要好好了解的。

卸载你脑子里的 App：没有杂物，没有杂念

“极简主义（Minimalism）”或“极少主义”最初出现在视觉艺术和音乐领域，指的是简化设计元素的艺术作品风格。“极简”这个词通常用来描述那些去除繁复冗杂，只保留核心要素的内容。其风格的雕塑多为几何抽象形态，以精简的用材和视觉元素来突出作品的艺术表现力。如著名极简主义艺术家唐纳德·贾德以金属立方为主体的雕塑，便是极简主义艺术最具代表性的作品之一。

随后，极简主义风格逐渐从艺术领域渗透到人们的日常生活中。一开始是以家装设计领域的简化风格为主，在装饰上去除复杂，保留原始的顶、地、面，而用线条和色块来做区分和点缀；在家具方面，崇尚简单直接，贴近自然；在材质方面，讲究原始质感和品位。据德国女建筑师伊娃·玛利亚·斯特德尔说：“这种极度削减的方式，使人更容易将注意力集中在房间里那些为数不多的物件上。这种环境令人心绪平静，也使你的感官更敏锐。”而这也成了极简主义者的信条。日后，这种装修风格进一步发展为追求极简的家居整理术。

几年前风靡日本的畅销书《断舍离》便是对这种风格的最好诠释。据该书作者日本杂物管理咨询师山下英子所说，所

谓“断”，便是断绝不需要的东西；“舍”，是舍弃多余的废物；“离”，则是脱离对物品的执着。山下英子甚至将其从对家居的整理进一步推广为对人生的整理，即透过整理物品了解自己，整理心中的混沌，让人生舒适的行动技术。换句话说，就是利用收拾家里的杂物来整理内心的废物，让人生转而开心的方法。从此，极简主义开始脱离设计和整理范畴，成为一种广为传播的生活理念乃至人生哲学，并在生活的各方面“开枝散叶”。

极简主义并不等同于传统意义上的“节俭”，并非一味追求省钱。一个极简主义者可以花几万元买一件自己心仪的艺术品，却不会花 2000 元买一个自己并不需要的 iPad。因为购买物品是为自己的生活服务，而不是为了让物品改变自己的生活。极简主义也不是“禁欲主义”，它并不禁止正当的欲望，而只是禁绝那些以欲望之名加于我们的蛊惑。它不会让你过苦行僧式的生活，只是通过减少物品来明确自己真正的需求。

极简主义很尊重个体性差异，它并没有一个严格的公共的标准，只是大部分极简主义者在某些方面具有共性。极简主义所追求的生活方式，本就是一种自由的生活方式，如果因为所谓的标准而去强迫自己舍弃一些对他人来说可有可无但对自己来说十分重要的东西，那就违背了极简主义的初衷，也就达不到其真正“极简”之目的。

事实上，极简主义并非西方原创，我国古代早已有之，很多名人都在践行着类似极简主义的生活，比如陶渊明。

陶渊明自爱上田园生活之时，便毅然弃官归田；在没有生活来源时，便再度出仕维持生计；当他躬耕隐居时，生活十分贫穷，但只要有钱就会买上二两烧酒喝喝。有人会问：喝酒能算极简主义吗？其实，“极简主义”只是一种生活方式，与生活热爱并不冲突。酒，多喝伤身，小酌怡情，适度把握即可。

对有些人来说，酒是可有可无的东西，但是对中年、晚年以后的陶渊明来说，仕途官位只不过是一些细枝末节的事，酒变成挚爱，是他真性情的象征，是惬意生活的基本要求。所以他虽然时隐时仕，酒不离桌，却仍然是一位极简主义者。

究其根源，大概可以用苏轼评价陶渊明的一句话来概括：“欲仕则仕，不以求之为嫌；欲隐则隐，不以去之为高。饥则扣门而乞食；饱则鸡黍以迎客。古今贤者，贵其真也。”由此可见，极简主义的衡量标准是因人而异的，但其核心则是相同的，那就是通过剔除对自己来说不需要的物质和活动，来使自己过上自由舒适的生活！

所以，如果对极简主义者的生活进行简单勾勒，他们或许是这样一群人：可能没有很多衣物，但每一套都有自己独特的风格；居住之所可能简单朴素，但绝不杂乱，十分惬意；可能没有太多物品，但超过一年不用的东西，都或送或丢，绝不囤积；可能不会天天刷微博、朋友圈，App的使用也是少而精，宁缺毋滥；可能有几个谈得来的挚友，但并不积极钻营拓展所谓“人脉”；可能崇尚“慢生活”，但保持工作的高效率；可能身处喧嚣尘世，但心境通透；可能物质简单，但不是少欲寡求，而是追求更高的精神境界。正因为他们对世事看得清、看得明，所以他们活得简单舒适，快乐无比。

有许多现代名人也都遵循极简主义生活方式，其中不乏名流富豪。比如已故苹果公司创始人乔布斯生前拥有的物品非常少，除了一年四季穿的黑色上衣，就只有一套昂贵的音响设备。没有杂物，没有杂念，却有如泉涌一般的灵感和创意。

而 Facebook 的 CEO 扎克伯格的衣柜里，同款的灰色 T 恤不少于 20 件。对此他解释说："我每天早上起来都有超过十亿的人在等着我服务，我不想把时间浪费在那些无意义的事情上，在生活中，我总是尽量简单一些，少做选择。"

美国著名学者梭罗认为，一个人如果能满足于基本的生活所需，其实便可以更从容、更充实地享受人生。于是他跑到瓦尔登湖边建了一座房子，一个人在那里生活了两年多，与世隔绝。他说："一个人，放下的越多，就越富有。"

极简主义的追求，在古代或战争时期，是一种奢侈的追求，因为在那些时候物资匮乏，社会动荡，人们过着朝不保夕的生活，连最基本的生存都无法保证，精神世界的满足更无从谈起。正如《管子 · 牧民》中所说："仓廪实而知礼节，衣食足而知荣辱。"

随着经济的发展和人类思想的进步，当今社会很少有朝不保夕的生活问题，所以更多人希望卸载脑子里的 App，让自己没有杂物，没有杂念，化繁为简，去伪存真，来践行"极简主义者"的生活方式——因为每个人，都是向往自由人生的。

你是这样一个极简主义者吗？或者说，你希冀自己成为一个极简主义者吗？这样的生活对我们来说意味着什么改变？我们又为什么要追求这样一种生活方式呢？

思考自己真正需要什么，少些选择

纵观人类社会文明的发展历史，物质水平和思想水平从来都不是同比增长的，思想水平似乎从来都要落后于物质水平。有一个重要的原因，就是我们所处的社会，各种光怪陆离的现象和纷繁复杂的欲望，限制了我们对精神世界的探索和追求。

我们需要极简主义，正是因为我们所处的是一个追求过度消费，乃至过度浪费的社会。物质的富余是生产能力提升带来的积极成果，但是过度追求物质则是一种病态。

你身边也许就有很多这种人：每次手机制造商发布新版本的手机，他都会迫不及待地购入，即使原来的手机并没有任何问题，而旧手机的命运自然是被丢弃；每年换季时，他们都会买很多新服奇服，却仅穿一两次便堆在衣柜角落不闻不问，不丢弃不送人，说是下一季再穿，而来年却只想着买新款的。

可是这些所谓的新版、新款，包括手机和数码产品，以及很多种类的商品，并不是我们真正需要的。商家为赚取更多利润，编造各种“故事”，用各种现代传播方式“哄”消费者为它们买单。这些所谓更新更好的东西，人们用不了多久，就会变成垃圾车上的明日黄花。

那么，消费者获得的是什么呢？是生活品质的真正提升，还是时尚体面的炫耀资本？是内心愉悦的温和享受，还是无穷无尽的购买欲望？是自我个性的表达，还是盲目跟风？是泡沫式经济，还是人云亦云的不甘落后？

其实消费者之所以这样趋之若鹜地购买不必要的新东西，就是因为他们处在这样一个物欲横流的世界里，或多或少会被社会所同化，“与善人居，如入芝兰之室，久而不闻其香，即与之化矣；与不善人居，如入鲍鱼之肆，久而不闻其臭，亦与之化矣。”当我们的心灵被眼前的物质欲望所蒙蔽，精神世界的追求自然会退居其次。这种近乎病态的物质追求，只能满足人们的虚荣和炫耀心理，对人类思想水平的进步有百害而无一利。

在一波又一波的消费主义狂潮之下，现代人已经成为自己欲望的奴隶。各式各样的广告奴役、催化着我们的购买欲，诱惑我们购入自己并不需要的东西。为此，我们拼命工作，去追求名牌手提包、钻石项链、豪华车，也许只是为了广告里的一句宣传词。在商家的洗脑之下，我们的生活目标就是一个庞大的列表：服装、手机、香水、数码、轿车、美容按摩、星级酒店……可是我们却淡忘了自己真正需要的是什么。你买来了钻石，但并不意味着拥有恒久的爱情；香车宝马所带来的刺激和兴奋，也往往转瞬即逝，需要用新的刺激去填补。

在这个社会，人同物的关系完全被颠倒了，不是产品为了满足人的需要而被生产，而是人为了使产品得到消费而存在。人拜倒在物面前，把物作为自己的灵魂，这就意味着人忘却了、失去了自己的灵魂。我们用生命和时间换取着并无意义的工业化复制品，而这些复制品全变成了负担，因为我们要用更多的时间来收拾、使用、打理这些复制品。

当我们抱怨被生活的琐事埋没的时候，也许正是被自己的物品埋没了。这便是物对人的“异化”。很多人在物质的层面上要这要那，欲壑难填；而一旦回归到本质的层面，却一片茫然，无理想，无追求，对自己的真正所需也一无所知。这不是中了消费主义的毒，被“异化”的典型征兆吗？

与消费主义一同甚嚣尘上的是拜金主义。这也不足为奇，既然我们有这么多欲望要满足，这么多商品要购买，那当然需要更多的金钱。“只要有了钱，什么梦想都可以满足”是不少人的人生信念。为此，他们铆足了劲儿赚钱，正当的手段不行，就诉诸歪门邪道，甚至不惜违反道德和触犯法律。

前段时间热播的电视剧《人民的名义》中，有一幕场景给人留下了深刻印象：反贪局在“小官巨贪”赵德汉的秘密别墅中，足足搜出2亿多元人民币，成捆的人民币堆满了整面墙，甚至床上、冰箱里、地板上，也都铺满一捆捆的人民币……据赵德汉本人供称，这些赃款他一分钱都没用。那为何要贪这么多？只是因为以前“穷怕了”。

在这里，对金钱的膜拜已经脱离了物质的需求，而成为切切实实的“拜金”。拜金主义者盲目追求金钱，甚至将其凌驾于自己的真实欲望，乃至世俗常理之上。不就曾有某相亲节目的女嘉宾放言“宁愿在宝马车里哭，也不要在自行车上笑”吗？

更有人看什么都和“钱”有关：婚姻是一场交易，教育不过是为了将来进行的投资，连生老病死都无一不能抽象成具体的金钱数目……到了这个地步，已经是彻底地“走火入魔”了。

消费主义和拜金主义到底错在何处？错就错在它们将消费和物质占有等同于人生的全部，以为得到了金钱就可以满足自己的一切欲望，其实大谬。

著名心理学家马斯洛将人的需求分为“生理需求、安全需求、社交需求、尊重需求和自我实现需求”从低到高五个层次，并需要逐级满足，这便是大名鼎鼎的“需求层次理论”。金钱可以满足哪些需求？应该说像生理需求和安全需求这样的低层次需求，确实需要金钱。没有钱，不可能衣食无忧。但是赢得尊重和自我实现这样的需求能够单靠金钱实现吗？答案显然是否定的。

有些人以为有了钱就可以得到友情，得到尊重，觉得实现了自我。殊不知用金钱吸引来的不过是贪图你钱财的酒肉朋友，他们尊重的是你的豪车豪宅，却不是你本人，一旦你失去了这些外在的依凭，这些人便作鸟兽散，绝不会对你有半点留恋。这样得来的尊重，不过是虚情假意而已，不仅不能实现自我，反而蒙蔽自我。

在金钱与过度消费的毒害下，现代人沉迷于自己的低层次需求，却对更高层次的需求视而不见，成了一个个外表成熟，心理年龄却仍停留在幼年期的“巨婴”。此种流毒，已经蔓延到社会的方方面面，颇有些积重难返之势。

反观经济落后时期的社会，以中国古代为例，就曾有过对大同社会的构想："大道之行也，天下为公，选贤与能，讲信修睦。故人不独亲其亲，不独子其子，使老有所终，壮有所用，幼有所长，矜、寡、孤、独、废疾者皆有所养，男有分，女有归。货恶其弃于地也，不必藏于己；力恶其不出于身也，不必为己。是故谋闭而不兴，盗窃乱贼而不作，故外户而不闭，是谓大同。"

在这篇著名的《礼记·大道之行也》中，对理想社会的所有想象和建设目标里，几乎没有关于经济和消费水平提高的内容，而是呼吁民风民俗的淳朴、孝悌仁义的品德，注重的是人们的精神世界。

在改革开放之前那个并不发达的时代，我们曾经"夜不闭户、路不拾遗"，而在如今这个吃穿不愁、物质富余的时代，却多的是自私自利、蝇营狗苟之徒。可见现代人确实已经丢失了自己的精神家园，再也寻不到心灵上的世外桃源。所以，我们急需一剂良药，来使沉浸在纸醉金迷、声色犬马中已经成为了欲望的奴隶的人们迷途知返。

那么，如何为病入膏肓的现代人"拔毒祛病"呢？"极简主义"不啻为一剂良方。现代人迷失在消费主义营造的"极繁"迷宫中难以自拔，正需要反其道而行之，以"极简"当头棒喝。

极简主义究竟是如何拯救现代人的精神家园的呢？这是一个快节奏的时代，不论是工作还是生活，人们都习惯了快。很多事情一旦快起来，就没有时间去认真思考，思考自己真正喜欢的东西是什么，思考自己真正想要的东西是什么。

而极简主义倡导简单的生活，减少物品，减少生活中无益的事情，这样生活节奏就慢了下来，自然有时间去想更多关于精神世界的问题。践行极简主义，可以节省我们的时间，节省我们的金钱，节省我们的精力。节省了金钱，就抵制了消费主义和拜金主义；节省了精力，我们就可以为自己的心灵家园添砖加瓦，抑制了欲望的膨胀，从而找到生活中真正重要的东西。

精简生活，你的专注力才是真正的财富

极简主义并不是让你什么都不买，什么都不做，而是让你通过对物的“断舍离”来分辨出自己到底需要什么，不需要什么；是让被横流的物欲所淹没的现代人从无穷无尽的物品中解放出来，从而明心见性，洞悉真我。

对于极简主义生活来说，减少物品只是手段，减少这些生活中无益的事情，从而腾出时间、精力来留给更有益的事情，才是极简主义的核心价值观。去除繁杂外物的影响，深入分析自我，放弃不能带来效用的物品，控制徒增烦恼的精神活动，深入内心去了解什么对自己最重要，然后才能去专注追求，才能有真正意义上的精神自由。

现代人常常抱怨自己时间不够，没时间培养兴趣，更别提理想了。若是如此，不妨停下来好好想想，你整天忙忙碌碌，蝇营狗苟，到底为了什么？难道只是为了车子房子票子，然后更好的车子、更大的房子、更多的票子？这些能让你感受到更多的幸福吗？互联网和信息爆炸其实也加剧了这种偏执，很多

人成天忙着刷朋友圈微博，看综艺节目、肥皂剧或是直播，却没有一点自己的兴趣。

只要没了电脑，离了手机，立即变得烦躁不安，无所适从。可是这些资讯信息，真的能让你满足吗？与其将时间精力空耗在这些事物上，不如去培养一些简简单单的爱好，专注于做自己认为重要的事情，比如种花养鱼、研究摄影、专心创业，那你的每一分钟都能活得自得其乐，不会感到人生蹉跎。

现年36岁的佐佐木文雄，曾经是一名热情的书籍、CD和DVD收藏者。几年前，他厌倦了紧跟潮流，加入了日本越来越庞大的极简主义阵营。他的房间非常简单，以至于朋友们将其比作一间审讯室。佐佐木文雄仅拥有三件衬衫、四条裤子、四双袜子以及其他零散的一些物件。尝试了一两年这样的“极简生活”后，佐佐木反而觉得心里的空虚被充实了。他表示，再也不用花时间打扫跟买东西后，多出的时间可以用来跟朋友相处或是旅行，拥有的东西虽然少，却能过得更幸福。他还将自己的生活记录成《我们已经不再需要物品——从断舍离到极简主义者》一书，并拿下 Amazon 日本畅销排行榜第一名！

极简主义者所追求的生活方式，表面看来，是物质简单、精神简单、生活简单，然而，他们所追求的更深层次的东西，是一种建立在自由随性的基础上的舒适惬意的生活，其关键在于精神自由。

庄子的生活为何安逸舒适？不是因为他的物质简单、生活简单，而是因为他精神简单、思想自由，按照自己的喜好兴趣去决定取舍。庄子是中国古代追求精神自由的典型人物。他一生不仕，不求官职，不求富贵，也不在乎世俗眼光，唯一追求的，就是精神的绝对自由。庄子讲“精神自由”，是指超越一切局限，他要以道观天下，摆脱束缚。这种束缚，不仅包括因物质和欲望而衍生的束缚，还包括思想上不合本性的束缚。“举世喻之而不加劝，举世非之而不加沮。”不因别人的说法而将自己本来不认同或不需要的思想奉为经典。

爱因斯坦从来不穿袜子，他认为既然穿了鞋子，又何必再穿袜子，这不是多此一举吗？而对于我们普通人来说，因为习惯了穿袜子，所以袜子对于我们来说是必需的，也是从心理上接受的、想要的一种物件。由此可见，对爱因斯坦来说，不穿袜子是追求极简主义的方式，而对于普通人来说，穿袜子、不纠结于此才是追求极简主义的方式。

所以极简主义者的追求，其根本在于精神上的自由，不论是简单的物质，还是简单的生活，都是为心灵世界的简单服务的，心灵世界简单了，精神就自由了；精神自由了，就会明白自己想要的到底是什么；明白了自己需要的是什么，就可以用“拈花一笑”的态度对待生活中的事情。这样一来，所有的烦心事都消失了，生活自然就惬意了。

诚然，想要治愈我们社会的病症，仅靠一个极简主义是远远不够的，但这可以是一个好的开始。通过极简主义，我们能找回早已被繁杂噪音淹没的内心，去重新认识自我的价值，从而为整个社会创造更多的意义和价值。

毫无疑问，“极简主义”生活方式是一种可以提高我们幸福感的生活方式，它可以让我们从繁琐的日常生活中解放出来，生活得简单而满足。

那么，如果你正因为生活的繁杂无章而感到困扰；如果你虽然一直想要扔掉房间里并不必要的东西，可房间仍然日益拥挤；如果你虽然每天忙于工作，可却不知道到底在忙什么；如果你每天有看不完的微信朋友圈，可却没时间看几页书；如果你每天都说要旅行，可到头来仅止于看看 Discovery 频道和《国家地理》……我想，你也一定想要改变这一切了吧。那么不妨践行“极简主义”。

要想成为一个“极简主义者”，首先就要从思想上转变过来。其实不论是对个人还是对社会来说，一种行为的改变都是从思想的改变开始的。从历史上来看，思想是深深地根植于人们意识深处的，历史上的一切重大变革几乎都是先从思想领域开始的。就如中国西汉时期的“罢黜百家，独尊儒术”，20 世纪初的“新文化运动”、西方的文艺复兴和启蒙运动等。每一次思想的变革，都会使社会生活发生翻天覆地的变化，如果没有正确思想的引领，就会走到一个错误的极端。每一次成功的变法，其内在目标，一定是为了使人们过上更为舒适的生活，一定是顺应历史潮流的思想变革。

秦时“焚书坑儒”，欲灭儒家思想于当世，却是违背历史发展趋势的做法，自然不可能达到目标，与西汉“罢黜百家，独尊儒术”的做法同出一辙。汉时做法表面看，是推动儒家思想发展，使儒家思想中的“入世”思想和仁义礼智信的美好品德更好地传播，但实际上却忽略了文化多样性的发展趋势，抑制了思想的发散和良性竞争，是阻碍文化发展进步的思想变革，因而没有完全成功。

“新文化运动”是仁人志士在当时内忧外患的情况下，为根除中国的思想积弊，让国家富强、民族强盛、老百姓过上好日子而发起的思想运动，就是因为其出发点是顺应历史潮流的，启发了人民的觉悟，所以它成功了。

正如“极简主义”思想，也是旨在让人们远离繁忙和一团糟的生活，过上更加幸福精致的生活，所以它是引领“极简主义”社会浪潮成功形成的关键。我们想要成为一个真正的“极简主义者”，首先就要了解并接受“极简主义”思想，为接下来实行具体措施打好心理基础。

一个人，在心理和思想上接受“极简主义”之后，就能于实际生活中践行“极简主义”，其间可以尝试以下几个较易操作的好方法。

第一，尽量精简个人物品，留下自己真正需要的和喜爱的，选择商品时也可以选择精致耐用的，避免频繁更换。我们丢掉多余的东西，目的是明确并留下自己真正热爱的东西，让房间可以时刻保持整洁，赏心悦目的同时也会更好地与“浪费主义”分道扬镳。

第二，找到自己真正的兴趣所在，然后专注于自己的爱好，减少生活和工作中不必要的行动，节省时间多做自己喜欢做的事，这样会大大增加对生活的满意度和幸福指数。而当你专注于自己热爱的事物之后，拜金主义就会日渐离你远去。

第三，李叔同说："华枝春满，天心月圆；绚烂之极，归于平淡。"我们不管遇到什么事，都要以一种平和的心态去看待，"宠辱不惊，任庭前花开花落；去留无意，看天上云卷云舒。"用这样的平常心来对待生命中的挫折和幸事，就会锻造出古井不波的心境，感悟到生活的禅意，体会到生活的惬意。

比如保留一百样必需的生活物品，而舍弃其余；比如除去房间里多余的摆设和装饰，丢掉不必要的家具；比如清理自己的衣橱，只保留那些自己真正喜欢的，舒适的衣物；又比如少看微博、微信朋友圈，定期远离互联网……

当然，有些要求你可能暂时无法做到，但重要的是身体力行。没有什么事可以一蹴而就，极简主义亦是如此。"极简"并非真的让你身无一物、家徒四壁、五蕴皆空，那对大多数人而言是不可企及的。但是，这却可以成为一种值得追求的境界，成为值得在生活中一点点去实现的目标。

"极简"不是徒具外表的形式，不是苦行或自我折磨，而是化繁为简、去芜存菁后的大逍遥、大自在，是明心见性，通达无碍后的真自由、真快乐。无论你能够做到哪种程度，只要用心去体会一下这种“为人生做减法”的感觉，相信你会从中有所收获，获得疯狂购物和收集成癖所不能带给你的喜悦和满足。

回归本真，摒弃认识世界的常规模式

在极简主义最初兴起的时候，总是跟上层社会人物联系在一起的，似乎只有具有一定的经济基础、不必为吃穿住行而发愁的那些人才有资格去考虑和追求这种“主义”。但是现在，它越来越多地进入大众的视野，成为一种与时俱进的新思想。这无疑在暗示着某种新兴的生活趋势，“极简主义”必将成为未来生活方式的主流，改变中国人固有的生活习惯。

当今社会，物质的冗余和生活工作的复杂程度，已经到了无以复加的地步。我们一眨眼的工夫，全世界就有成千上万的产品作为垃圾被抛弃，又有成千上万的新产品被生产出来，而这些旧的产品被丢弃，仅仅是因为旧了，因为有了更新的产品出现。复杂的程序已经给我们的日常生活带来了严重的影响，让原本简洁的生活变得一塌糊涂。

而随着物质生活水平的提高，消费主义和拜金主义的气焰也嚣张到了极点。正所谓物极必反，社会发展到这个地步，当前的生活方式已经严重损害了我们生活的舒适度，所以，作为一种顺应历史潮流的新型思想，极简主义取代传统生活模式，引领我们翻开历史新的一页，是大势所趋、势在必行。

中国古代几千年的历史，都在印证着同一个道理：治极生乱，乱极入治；天下大势，分久必合，合久必分。所有事情都逃不过物极必反的规律。而在人类历史的舞台上，复杂的终将被简单的所取代，这是一个亘古不变的真理。

诺基亚品牌手机在20世纪是手机行业的第一巨头，然而随着人们生活水平的提高，除了手机的硬件质量之外用户体验也变得越来越重要，诺基亚手机使用的塞班系统，有着一大堆华而不实的功能，使用它来完成现代社会人群所要完成的目标十分复杂，不贴合实际，所以渐渐被更为简单实用的系统所取代，诺基亚王朝也就此没落。

再如支付宝的崛起，解决了到银行交易手续繁复、排队时间长的问题，将原本因各种形式上的手续而复杂繁琐的钱财交易变得简单易行，所以它能渐渐取代银行，成为当今人们转账付款时的首选方式，也就不足为奇了。

林清玄说："以清净心看世界，以欢喜心过生活，以平常心生情味，以柔软心除挂碍。"这样的生活心态，正是我们现代人缺少的和需要的。我们真正应该怕的，不是我们正处于水深火热之中，而是我们的心灵早已被俗世欲望侵蚀殆尽，却还不自知。

如今"极简主义"被越来越多的人所接受所践行，这说明我们的社会已经开始意识到问题所在，并在积极寻求解决办法，这是一个好现象。物质世界的探索发现是向外扩展的，而精神世界的探索却是向内延伸的，是要深入心灵寻找精神快乐的源泉的。

我们对生活的态度，从来都不是主动地享受而是被动地承受，这样的生活应该叫作“生存”更为准确。忙碌的人生和嘈杂的社会需要简单的生活，只有简单生活，用心做自己喜欢做的事，才能享受生活，才能“心有猛虎，细嗅蔷薇”。

韩寒说：“我所理解的生活，就是和自己喜欢的一切在一起。”但现在这个社会，不论是职场精英，还是小商小贩，似乎都有忙不完的事情，很少有人可以将注意力集中到自己真正喜欢热爱的兴趣爱好上。而“极简主义”生活，却可以让我们拥有大把大把的时间，去钻研我们的兴趣爱好所在，从而提高我们的生活质量，获得精神世界的满足。

天地一瞬，草木一生。人的一生是短暂的，声色繁华不过是过眼云烟，生不带来死不带去，只有当我们放下了奢侈迷醉的物质享受，才能回归真我，领略到生命的真谛，享受到生活真正的乐趣。万事开头难，只要我们坚持“极简主义”，就迟早会从尘世的忙碌和“瞎活”中解脱出来，找到属于自己的世外桃源。

越简越精，越精越专，越专越有大成

对于个人来说，当我们每天被那些对自己来说并不重要的元素占据时，我们也许不明白为什么会这样，我们需要面对镜子，重新审视自己，问那三个亘古不变的问题：我是谁，我从哪里来，我到哪里去？

电影《不一样的天空》相信许多人都看过，这部影片所反映的，其实就是一种对于“极简主义”的追求，最后吉尔伯因为母亲的遗体不好从房子里面移出来而最终选择烧掉了房子。这场大火也成了吉尔伯的重生之火，因为他作为兄长，实在太累，为这个家操心劳力，也无法去寻求自己的生活。而没有了家之后的吉尔伯有多么开心，或许只有懂他的观众，才能了解得深刻吧。

“极简主义”倡导简单朴素的生活，就是将复杂的人心和思想变得简单，用对所热爱事物的专注，取代形形色色的欲望；用朴素的生活，取代不停丢弃、不停购买的消费主义；用平和禅意的心态，取代想方设法捞钱的拜金主义。这正和历史规律不谋而合，又真正可以使我们的生活舒适度和幸福指数提高，有什么理由不成为未来新的生活趋势呢？

值得注意的是，虽然“极简主义”生活方式的呼声很高，但这并不代表选择了不同的生活方式就是异类，每个人都有自己追求的生活类型。我们倡导“极简主义”的本质原因，不也正是想用一种新的生活方式，唤回我们久已失去的精神家园吗？所以，只要我们真正选择了自己喜欢的生活，那么无论何种方式，都是殊途同归。

事实上，“极简主义”并不是仅仅针对于生活。无论是国家还是个人，无论处在什么行业，都需要与这种“极简主义”的结合。毕竟化繁为简，是每个人解决问题的最佳方式。政府的窗口办事流程简化了，自然会提高效率，上访事件也会减少；

研究流程简化了，才会让科学家更快地接近答案；生活方式简化了，便相当于丢掉一个大大的包袱，使得自己能更容易地继续前行。

“极简主义”是这个浮躁的社会中人们的一种新的诉求。这看似与商业化的模式是背离的，而事实上，商业与“极简主义”是可以并存的，因为极简主义并非什么都不需要，而商业也会根据人们新的内心诉求，去创造更适合的商品。这也是社会发展之真理所在。

第三章

品格至上，守住心灵深处的一方净土

2016 年 3 月，一篇名为《带孩子去香港打疫苗全攻略》的文章在网上迅速流传，引发众多网民，尤其是为人父母者的转载。一时间，由“山东非法疫苗事件”所引发的汹涌舆情，再次把国内相关监管部门推到了风口浪尖。

这场堪称三聚氰胺“毒奶粉”事件后影响最大也最为恶劣的公共安全事件，在引发恐慌和公愤之余，也让许多人对中国内地的疫苗品质及市场监管充满了怀疑和不信任。“去香港打疫苗”本身便是这种情绪的直接体现和宣泄。

此情此景，不禁又让人回想起当年内地人排队去香港买奶粉，以致港人担心闹“奶粉荒”而采取限购的情节；也让人不禁感叹：历史总是如此相似。但是，有条件去香港接种疫苗的家庭毕竟只是少数，多数内地的父母，恐怕还是要继续纠结于“打还是不打，该怎么打”的问题之中。而在事件传播的过程中，问题疫苗本身又被进一步妖魔化，令事态更加复杂，对此也亟须加以澄清。

从漏洞中找寻一切能扭转局势的方法

接下来，让我们回顾一下事件的始末。山东疫苗案件是指2016年3月，山东警方破获的案值5.7亿元非法疫苗案，疫苗未经严格冷链存储运输销往20个省、2个直辖市、2个自治区。疫苗含25种儿童、成人用二类疫苗。此次涉及疫苗买卖的共有安徽、北京、福建、甘肃、广东、广西、贵州、河北、河南、黑龙江、湖北、吉林、江苏、江西、重庆、浙江、四川、陕西、山西、山东、湖南、辽宁、内蒙古、新疆等省（直辖市、自治区）近80个县市。

2016年3月19日晚，山东省食品药品监督管理局网站发布了济南市食品药品监督管理局在协助公安机关侦破庞某等非法经营疫苗案件的过程中掌握的107条上线线索和193条下线线索。据最高人民检察院微博消息，检察机关已对涉嫌非法经营疫苗犯罪的125人批准逮捕，立案侦查职务犯罪37人。

2017年1月24日，山东省济南市中级人民法院对被告人庞红卫、孙琪非法经营案开庭宣判，认定被告人庞红卫犯非法经营罪判处有期徒刑十五年，并处没收个人全部财产，与前罪数罪并罚，决定执行有期徒刑十九年，并处没收个人全部财产；对被告人孙琪犯非法经营罪判处有期徒刑六年，并处没收个人财产人民币七百四十三万二千八百五十九元四角。扣押在案的疫苗等药品依法予以没收。

对于此事，我们首先应该明确两个问题。

第一，“问题疫苗”是否就是“毒疫苗”？答案是否定的，在这里澄清一下，这并不是为非法分子“洗白”，而是这两者原本就有着本质上的区别。而在一些无良媒体和伪专家以讹传讹式的传播之下，民众人心惶惶，家长更是失去了对内地国产疫苗的信任。对于问题疫苗的恐惧，更是成为了人们心中挥之不去的阴影。

其实，这些“问题疫苗”也是经过正规厂家、正常渠道生产出来，经过了质检部门安全检验的合格疫苗，本身并没有什么问题。只是不法分子在运输过程中钻了空子，为了节约成本“偷工减料”，没有严格按照有关规定施行冷链存储运输。这就使得原本有效的疫苗丧失了本来的效用，甚至会产生严重不良反应，即所谓的“毒性”。

第二，国产疫苗质量是否一定不如进口的？其实并不然。据有关专家和学者表示，目前中国疫苗的研制已经处于世界领先水平，所以国产疫苗的研发技术和质量问题是完全不用担心的。无论是进口疫苗，还是国产疫苗，只要是经过国家安全质检部门检验的，都可以放心使用。然而，在疫苗运输和销售的过程中，一些不法分子觉得有利可图，再加上有关部门监管不力，出现了纰漏，才致使“问题疫苗”的出现。

这样的恶性事件却在老百姓心中埋下了祸根，让其产生了

“内地国产疫苗就是不如进口的”错误观念，于是宁可花费更多的钱也要给孩子注射进口疫苗，以求一个心理安慰。事实上，国产疫苗质量并不比进口的差，有些疫苗的技术研发水平甚至远远超过了国外，更有报道表明，在流感期间许多国家领导人注射的都是国产疫苗。而如何驱走老百姓心中的阴霾，让民众对国产疫苗重拾信心，依然是项艰巨的任务。

对于以上这些问题，我认为有必要加以适当的科普和辟谣，防止恐慌情绪进一步蔓延。因为食品和药品安全问题，事关每一个人的生命安全，实在是与我们的切身利益不可分割。不管是打疫苗还是吃药，都是为了治病，为了健康，如果病情没有要了我们的命，反而是这些药物、疫苗让我们处于危险之中，那我们的生命健康还能由什么来保障？所以药品安全，从来都是一大问题，决不可忽视马虎。

本案的“非法”，指的是“非法销售”。疫苗本身是正规厂家生产，并非“造假”或某些人渲染的“毒疫苗”。至于将疫苗接种时的不良反应与本案相附会，多少有混淆视听之嫌。然而，这绝不是说这些疫苗没有危害。由于庞红卫母女在发货时未按照国家规定采用冷链运输，且其销售的多为临近保质期的疫苗，因此造成的后果主要是免疫无效化。例如，狂犬病这类致命性传染病，本可通过接种疫苗免疫来避免死亡，但接种已经失效的问题疫苗，就可能会导致接种者感染发病死亡。无怪乎北京大学医学部免疫学系副主任王月丹会说庞红卫这样贩卖疫苗等于是在“杀人”。

然而，如果说“免疫无效”是此类非法疫苗所造成的直接风险的话，那么由此所带来的间接影响和危害显然远不止此。虽然非法疫苗的主要问题是免疫失效，但也不能排除造成接种不良反应的可能性。如此一来，就势必牵扯到疫苗严重不良反应这一更加复杂的事态。

就在 2016 年 3 月，广东一男童在接种流脑多糖疫苗及脊髓灰质炎减毒活疫苗后莫名死亡，人们不由得将其与山东疫苗案联系起来。虽然有关部门事后回应称此事与山东疫苗案并无关系，但由此引发的公信危机早已迅速扩散。同月，一篇三年前的疫苗不良反应致害报道《疫苗之殇》也被重新翻找出来，并在微信朋友圈中“刷屏”，令舆情进一步复杂化。其结果，便是人们对内地国产疫苗不再信任，进而寻求境外替代品。考虑到疫苗接种者多为儿童，其引发的恐慌感更为激烈，这又与当年的“三聚氰胺事件”相仿。“三聚氰胺”一出，令中国整个乳品行业都遭受重创，公众信任至今也尚未完全恢复。难道这一次，又轮到疫苗产业“中枪”吗？

其实，运输环节导致的疫苗失效，并不意味着疫苗本身质量不过关。正如中科院高福院士接受采访时所称：“中华人民共和国成立以来，我国的疫苗全靠自力更生，而且我们研发的好多疫苗都是国际领先的。比如乙型脑炎减毒活疫苗，世界上公认我们的疫苗是好的；又比如我们研发的天花疫苗天坛株，也是国际上公认的好疫苗，而我国自主研发的甲肝减毒活疫苗还销往亚洲多个国家……总的来讲，国产疫苗的质量是过关的。”

但在信任缺失、怀疑滋生的当下，真正听从理性声音的，又有多少人呢？

也就是说，“非法疫苗案”的危害，一方面在于案件本身，就是疫苗的不符合标准和免疫失效，对我们的健康会有一定影响。但更重要的是，因为这个事件，公众对卫生部门和疫苗等药物丧失了基本信任，这对于今后卫生部门的工作开展是十分不利的，因此而来的对各种其他问题的影响，将是不可估计的。比如说，如果真的出现大批内地居民到香港去注射疫苗或者买其他药物这样的情况，对内地交通业和旅游业的发展等都有很大的影响。国家的卫生安全保障机构一旦失去了民众的信任，就再难让公众用理性的目光来看待它的决策和解释。

因此，非法疫苗事件的爆发造成的影响是极为恶劣的，如果不能从中吸取教训，而是任由类似事件继续发酵，其结果就是社会公信力的再三崩溃。

那么，我们究竟能从这次的疫苗事件中吸取什么教训？

我认为要想从根本上杜绝此类事件的发生，彻底打压违法犯罪分子的势头，就应该建立起更加严密有序的监督机制。这需要政府相关部门和民众的共同配合努力，才能起到立竿见影的效果。

第一，政府要建立起一套统一的标准规范，并出台相关政策法规，让监管工作有法可依，有据可循。有关部门要对疫苗从生产、研发到运输、销售的每一个环节都严格把关，确保各项指标都达到了相关标准，并作出相应的记录。

第二，随着互联网时代的到来和大数据技术的迅猛发展，技术部门可以建立起一套简单便捷的二维码查询系统，以便于公众能够快速获取产品相关信息。在这项技术的支持下，普通民众可以利用互联网平台，对疫苗的真伪进行初步辨识。

当然，在采取措施对症下药之前，我们应该对“非法疫苗”暴露的问题有所了解，并高度重视。

切莫让你的私心毁掉社会公信力

本次非法疫苗案所暴露出的问题，首先体现在案犯庞红卫个人身上。细究对此事件的报道，会发现一个惊人的信息，47岁的庞红卫原是山东省菏泽市牡丹人民医院医生，同时在该市牡丹区经营东城城区防疫门诊。

2009年，庞红卫曾因非法经营人用二类疫苗，被判处有期徒刑3年缓刑5年，并处罚金50万元，其经营的防疫门诊也被关闭。也就是说，在本次案件前，她已有“前科”，且尚在缓刑期间。

可令人没有想到的是，缓刑中的庞红卫非但没有悔改思过，反而迅速“重操旧业”，且将非法生意做得更大更猖狂。而且，在这段时期，本已因犯罪而被原单位开除的她，还受聘于一家山东本地疫苗批发企业，担任销售部经理职位，并通过批发企业人脉购进临期疫苗用于变卖牟利。

就这段犯罪经历而言，有几个问题是不得不问的。

首先，庞红卫作为正规医院医生，却私自经营防疫门诊，这种做法合规吗？是否是借挂靠有资质单位来规避监督并方便自己牟利呢？

其次，其明明已有前科在案，且在缓刑期间，如何能继续疯狂作案？对其的量刑是否有过轻嫌疑？且缓刑期间竟没有对其行为加以合理监督，法律的威严何在？

最后，其作为前科嫌犯，居然还能堂而皇之受聘于疫苗批发企业，相关企业对从业者的审核从何谈起？岂不视同儿戏？

有段时间，中国社会曾经就罪犯刑满释放后处处遭人歧视的社会现象进行过激烈讨论。很多人认为，这是一种不公正的待遇，对那些刑满释放人员来说，他们找不到工作，甚至家人也因为自己的原因而被连累丢掉工作，他们对于这个社会来说，就是多余的一群人。更可怕的是，因为无事可做，更加剧了他们自暴自弃的心理，再次走上犯罪的道路。因此，国家对刑满释放人员的就业采取鼓励与帮助的政策。

但是，本次事件中，庞卫红并非刑满释放人员，而是尚在缓刑期，何况她之前所犯的便是“非法经营疫苗”之罪，竟然还可以钻到空子，制造这么大一起骇人听闻的案件，实在让大家对有关部门的监管力度和方式不敢苟同。

毫无疑问，庞红卫作为正规医院的医生，又私自经营防疫门诊的行为是不合法的，而她却能躲过法律的问责，甚至做起了“小买卖”。从这一点来看，恰恰说明了有关部门在监管工作上的漏洞。相关部门对疫苗的流向以及销售渠道等各方面的监督都不到位，没有建立起配套的监测措施和惩罚机制，才使得庞红卫明目张胆地从上游疫苗销售企业获得疫苗，转手卖给下游接种单位，并从中牟取暴利。

而在其缓刑期间，庞红卫依然能够做起自己的“老本行”，这也在一定程度上反映了有关法律法规对此类犯罪行为的惩罚不到位。正是因为惩罚力度小，犯罪成本低，才使得不法分子觉得有机可乘，一次次地逾越法律的鸿沟，做着伤天害理的事情。

庞红卫一案令人感到恐惧之处，并不在于她个人的疯狂，而是整个系统的全盘失守。她所经手的那些问题疫苗，为何能畅通无阻地流入各地疾控部门和防疫机构？在运输、储存、配送、分发等环节中，本应发挥作用的监管机制为何形同虚设？

据最高人民检察院新闻发言人王松苗 2016 年 10 月 21 日介绍，山东济南非法经营疫苗案曝光后，最高人民检察院挂牌督办，山东等地检察机关第一时间介入侦查引导取证，批准逮捕涉嫌非法经营等犯罪嫌疑人 297 人、起诉 68 人、立案侦查涉及的职务犯罪 100 人。从这些触目惊心的数字之中，即可窥见本案波及范围之广，影响之大。对此，我们不禁要问，为何“人命关天”的疫苗产业，会出现如此乱象？

事实上，此次事件也并非是“非法疫苗”的首例。

2010 年 3 月 17 日，据有关媒体报道，山西近百名儿童因不明病因导致死亡、残疾或各种后遗病症。家长伤心欲绝、四处求治、负担沉重。导致如此惨剧的病源何在？锲而不舍的患儿家长纷纷质疑：“接种了乙脑疫苗怎么又会得乙脑？”“急性播散性脑脊髓炎难道不是接种疫苗所致？”究竟是接种疫苗违规操作，还是“高温暴露”使疫苗失效？……矛头直指用来保障人民生命健康的疫苗！这一事件被称为“山西疫苗事件”。

2016年3月22日，一些西安市民的手机QQ和微信群里收到一条关于“西安问题疫苗流向接种点”的消息，其后还附上68家具体的接种单位名单，引起不少市民的恐慌，有人为此打电话到卫生部门询问。22日下午，西安市卫生计生委紧急辟谣，说这份名单并不属实。西安市公安局莲湖分局红庙坡派出所经调查，锁定了传播该信息的违法嫌疑人王某。警方宣布对王某治安拘留5日。

2016年3月，有诈骗人员借疫苗案进行诈骗活动。对此警方提醒，这是典型的借助社会热点事件进行的电信诈骗，市民千万不要轻信，更不要随意点击短信中附带的链接，以免造成不必要的经济损失。

对于这桩闹得满城风雨的事件，我们不能因为它已经过去了就不了了之，或者抱着一种事不关己的态度，而是应该深入思考背后隐藏的问题，并且能够从中吸取教训。我们应该考虑的是，“非法疫苗案”到底暴露了哪些问题？监管机制为何失灵？我们又该如何从制度上防微杜渐，避免下一个“非法疫苗”

或“三聚氰胺”事件的爆发？对于食品和药品安全这样“人命关天”的大事，政府又该如何对待，才能挽回公众对卫生体系和食品药品安全的信任呢？

在利益面前，有所为有所不为

按照《疫苗流通和预防接种管理条例》，我国疫苗的管理分一类疫苗和二类疫苗。

一类疫苗就是政府出钱，百姓免费接种的疫苗。其由省级集中招标采购，进行逐级配送，并在严格的冷链运行监管体系下运行，冷链条件完全能够得到保障。我国2005年颁布的《疫苗流通和预防接种管理条例》（下称《条例》）规定，省级疾控机构负责制订本地区一类疫苗的使用计划，并向采购部门报告；疫苗生产企业或批发企业应按照政府采购合同，向省级疾控机构或其指定的其他疾控机构供应一类疫苗，不得向其他单位或个人供应，并在国家免疫规划疫苗最小外包装的显著位置，标明“免费”字样和免疫规划专用标识。

《条例》还对一类疫苗的分发配送作出明确规定，省级疾控机构可分发至市级、县级疾控机构，由县级疾控机构分发至接种单位和乡级医疗卫生机构，分发一类疫苗不得收取任何费用。

经批签发上市后，绝大多数地方的一类疫苗，都通过省级集中招标采购进入疾控系统封闭的逐级配送渠道。有的地方更加严格，如北京市所有疫苗的存储及配送，均由政府招标确定的持有 GSP 认证、符合冷链要求的企业来完成。

由此可见，一类疫苗其实一直处于严格监管之下，而本次非法疫苗案所涉及的，也全部是二类疫苗。正如一位疾控机构内部人员所说：“为什么一类疫苗没出事？因为政府统一采购、统一存储、统一配送，全程冷链、严格封闭的流通渠道，再加上免费接种，无利可图，几乎堵住了流通环节可能出现的每一个漏洞。”

所谓二类疫苗，是指群众自愿、自费接种的疫苗。根据《条例》对二类疫苗流通的规定，生产企业可以向疾控机构、接种单位、疫苗批发企业供应；疫苗批发企业同样可以向疾控机构、接种单位和其他疫苗批发企业供应；县级疾控机构也可以向接种单位供应。如此一来，接种单位的二类疫苗就成了几乎完全开放、自由流通的市场。而问题，就恰恰出在这种超高的自由度上。

进入疾控系统和接种单位的二类疫苗并非免费分发，而是经过逐级加价后配送。与此同时，接种单位向批发企业甚至生产企业直接采购疫苗合法合规。如此一来，就很容易产生一种倾向：接种单位直接采购疫苗，价格会远低于疾控统一配送渠道，再按照政府规定的加价率接种销售，利益空间巨大。

在这巨大的利益面前，自然就有人把持不住了。而相关监督的不到位，则给了他们可以钻的空子。如国家食品药品监督管理总局药化监管司司长李国庆所说：“我们国家有 1.2 万家药品批发企业、5000 家药品生产企业、40 多万家药品零售企业，监管对象数量多，基层人员缺乏，全国有药品检查资质的人员不足 500 人，监管检查存在死角盲区。”

那么为何同为疫苗，两者相差如此之大？我认为这跟二类疫苗“野蛮生长”的自由市场脱不了干系。

拿最简单的情况说，偏远地区的基层接种单位管理不规范，往往采购接种大权握于一人之手，若其出于牟利考虑向疫苗批发企业直接购苗，则相关运输和储存规定就可能形同虚设。经营不规范的批发企业为了节省成本，会偷偷放弃专用冷链运输车配送，变成“泡沫箱＋冰排”，走普通物流的模式。只要搞定了接收的基层单位，这一切就不成问题。一些批发企业盲目追求业绩提升，雇用了大量业务员，从而滋生了“疫苗贩子”这一不正当行业。这些人挂靠在企业名下，每年向企业缴纳一定的费用，以获得相关的正规资质和走票途径，可是却游离于企业监管之外。

此次山东非法经营疫苗案中，嫌疑人正是挂靠在山东鲁越生物制品有限公司的名下。更有甚者，一些规模小、管理差的批发企业受利益驱使，不但不规范自己业务员的行为，反而为违法分子提供资质证明和票据，使其能够在无资质情况下违法经营，为疫苗贩子违法行为提供便利和掩护。疫苗贩子之间还互通有无、共同作案。本案犯罪嫌疑人庞某一人的上、下线就有 300 余人之多。

如此形同农贸市场的“自由流通”，发生违规问题并非偶然，甚至可以说是一种必然，没问题反而奇怪。庞红卫之所以东窗事发，也是因为她“胆子太大”。而尚未得到披露和曝光的各种违规和非法经营行为，又有多少呢？

更何况疫苗这种东西，本来就是图个“以防万一”，即使储存运输条件不够，接种效果不好，立即出现安全性问题的概率也并不高。这就让问题更加难以被发现。然而，一旦出现问题，其往往是性命攸关的。此前国内就曾发生过接种狂犬病疫苗免疫无效导致接种者死亡的事件。

在这种情况下，也难怪公众会对国内疫苗接种丧失信任感。但是，自由并不代表放任，面对二类疫苗市场，绝不能任其“野蛮生长”。

规范生存，画一条不可越过的线

面对二类疫苗市场的乱象，我们又应该如何应对？

有人说，既然二类疫苗出了问题而一类疫苗没出问题，那以后都按照一类疫苗的标准来执行不就行了？这种想法看似简单，但真要实行，需要考虑到行业、研发、财政能力等多重因素，不可一蹴而就。全国上下有那么多儿童，如果全部靠一类疫苗来维持，肯定有顾及不到的地方。况且，阶层不同需求也会不同，高薪阶层的家庭往往追求更好的疫苗，这就促使二类疫苗市场的形成。

也有人认为，二类疫苗之所以出现问题，是因为“市场化”，这种看法有失偏颇。从鼓励疫苗研发和推广的角度看，允许二类疫苗市场存在本身是利大于弊的。市场化进程推进了二类疫苗的发展，同时也促进了资源的合理配置，这本不是什么坏事。但是市场的存在并不意味着政府监管可以就此退位。相反，对疫苗这类关系重大的特殊商品，尤其应该加强各个环节的监管。

其实事情的关键，并不在于二类疫苗的制度，而是在于缺少有效监督，缺乏真正为人民生命安全负责的良心医师。不论是何种制度，都会有不法之徒试图钻空子，千里之堤毁于蚁穴，我们不可能完全做到天衣无缝，只要人有欲望，就会发明无穷无尽的犯罪方法。真正最应该做的，就是防患于未然，提高医药工作从业者的资格要求，加强对从事医学和药物工作的有关部门和个人的监督审查，尽最大可能确保在卫生机构里少些投机取巧之辈，多些尽心尽力为人民服务的有德者。

为了杜绝此类事件的发生，让民众对于国家医疗卫生事业更加放心，我认为当务之急应该做到这几点：建立公开透明、公平高效的交易平台，防止“疫苗贩子”投机倒把从中渔利；对疫苗配送强化全程追溯，避免“泡沫盒＋冰排”的不规范行为滋生；规范基层接种单位管理，逐步填补监管盲区。

在这几个方面，我们一方面应积极借鉴欧美日等国在疫苗管理领域所积累的经验，少走弯路；另一方面则可借助如今的互联网等先进技术手段，提高监管效率，扩大监管覆盖范围，推进疫苗管理体系走向成熟。

例如，疫苗在流通和使用过程中，冷链物流对疫苗的质量和药效具有极其重要的影响。本次非法疫苗事件所暴露的一个关键问题，也正是疫苗运输时未遵循严格的冷链规范。

在这方面，日本为确保疫苗冷链物流的规范和高效，通过利用条形码、二维码、电子标签等措施，提高了整个冷链物流过程的标准化、规范化和自动化，在保证疫苗冷链运输效率的同时降低了物流成本。德国则通过强化冷链储运设备，例如，使用避光且密封性强的材料制成冷链运输车，增强运输车的防热、防静电和防辐射功能，有效地保证了疫苗在运输过程中的质量安全。

反观我国，其实同样对疫苗产品实行强制电子监管，在每个疫苗的最小包装上都附有独一无二的药品电子监管码。然而，这些举措为何没有阻止非法疫苗的泛滥？据有关人士透露，二类疫苗在疾控系统内部流通虽然要逐级扫码，但作为使用机构的接种单位极少能实现电子监管。购置药品电子监管系统需要成本，对于数量众多的接种单位来说是一笔不小的开支，偏远贫困地区更是难以覆盖。而且，由于分属不同的政府部门管理，食药监管系统的这一强制要求，很难在医疗卫生系统落地。也正是因为电子监管未能形成闭环，才导致大量疫苗的最终去向无法掌握，给了疫苗贩子可乘之机。

对此，相关部门如果还是按照既有思路，恐怕短时间内依旧无法解决偏远地区电子监管系统不到位的难题。其实，对此不妨借鉴近年来迅速普及的电子支付的相关经验，依托业已普及的智能手机移动终端实现相关功能，而不是一味要求基层单位采购昂贵的专用电子设备，岂不更有利于接种单位的规范化建设？

至于二类疫苗的交易环节，在保留市场流通的前提下，也应加强相关管理，特别应要求疾控机构和接种单位今后在使用第二类疫苗的时候，都要在公共资源交易平台交易，坚持公开透明、阳光采购，强化管理。

在这方面，国务院办公厅已于 2017 年 2 月 7 日印发《关于进一步加强疫苗流通和预防接种管理工作的意见》，提出了一系列重大改革举措。其取消了疫苗批发企业经营疫苗的环节，明确将疫苗的采购全部纳入省级公共资源交易平台，第二类疫苗由省级疾病预防控制机构组织在平台上集中采购，由县级疾病预防控制机构向疫苗生产企业采购后供应给本行政区域的接种单位。

该《意见》还明确提出，“将逐步推动将安全、有效、财政可负担的第二类疫苗纳入国家免疫规划，使群众享受到更加优质的接种服务。”且“省级疾病预防控制机构要根据本地区疾病监测信息和疾病预防控制需要，组织开展第二类疫苗的评价、遴选，提出第二类疫苗使用品目等。”相信这些举措的实施，可以有助于推动二类疫苗市场的良性发展。

通过对比发达国家的疫苗管理，并反思本次非法疫苗事件，可以看出，我国的疫苗上市前监管制度较为全面，但疫苗上市后的监管，尤其是疫苗冷链运输、二类疫苗监管等相关制度仍然存在较大不足。此外，在民众较为关心的疫苗不良反应监测、疫苗伤害赔偿等方面，我国和发达国家相比也还有很大的制度差距。这也是我国“接种疫苗致死致残”等新闻屡屡成为社会热点，引发民众恐慌情绪的根源所在。

例如，为应对疫苗不良反应问题，加拿大依托“全国联网医疗数据库”，对门诊患者、住院患者和购买处方药患者这三大群体的信息进行了系统采集，同时借助每位居民独有的医疗账号，以及问题疫苗的生产与经销信息，能够对问题疫苗实现迅速召回。澳大利亚的治疗商品管理局拥有来自企业、大学和医院的专家组成的药品不良反应顾问委员会，该专家队伍为疫苗监管提供了强大的智力支持。美国通过被动监测和主动监测相结合的开放报告系统，能够对疫苗上市后的安全性开展广泛、高效的检测。

疫苗伤害赔偿制度方面，日本早在1977年就开始实施“预防接种健康被害救济制度”，规定遭受疫苗伤害并住院的患者可申请医疗费和金额不等的补助或补偿。美国于1988年开始实施“全国疫苗伤害补偿计划”，其经费来源于每剂疫苗0.75美元的特别消费税。该计划是一个“无过失系统”，即不强调追究哪一方责任，只要患者由于接种疫苗受到伤害，且所接种疫苗被列入该计划的“疫苗伤害表”中，受害者提出申请并提供接种证据，就可以自动获得补偿。虽然这些并非本次非法疫苗案所暴露的主要漏洞，但如能举一反三，取长补短，合理借鉴，对于我国建设自身健全的疫苗监管和流通体制也是大有裨益的。

前事不忘，不做冷眼看客

《论语》中曾经讲道：“往者不可谏，来者犹可追。”从三聚氰胺毒奶粉到地沟油，再到现在的问题疫苗，层出不穷的医疗卫生事件和食品安全事件跟我们的生活息息相关。我们不能因为自己没有经历过就选择冷眼旁观，更不能好了伤疤忘了疼。

对此，我认为有关部门应该引以为鉴，对药品、食品生产流通的各个环节进行更加严格的把控，对每项数据都要进行实时监测和反馈。在其位谋其职，如果敷衍塞责，其实就是对人民的犯罪。除此之外，对于那些贪图一时之利，置他人性命于不顾的不法分子，更应该严惩不贷。毕竟，不能让无辜老百姓来为不法分子的错误行为买单，这样的代价太大了。

我们不想看到这类事件的再次发生，但我们应该时刻保持理智。我们应该清醒地认识到，此类疫苗事件的发生，是由于监管工作的纰漏以及不法分子的丧尽天良造成的，我们不能因此就丧失了对接种疫苗的信心。面对因为此次事件引发的疫苗恐慌，我想说，不能因为别人的错误来惩罚自己。就目前来看，接种疫苗是预防控制疾病最有效的手段，为了孩子的健康成长，也不能放弃接种疫苗。

还有一个教训不得不提，那就是我们要慎用网络的信息传播快的特性，不要在不明实际情况的时候盲目跟风，制造舆论压力。公众对于安全问题的监管和关心，自然是无可厚非的，但关键就在于，不能以讹传讹，制造恐慌，影响社会的和平安定，中了某些宵小之辈的圈套，无形中做了破坏社会秩序的居心叵测者的帮凶。

作为一个当代公民，我们要提高自己辨别是非的能力，用合理合法的方式表达自己的诉求，鲁莽行事，只会害人害己。不管怎么样，我们的出发点，都是建设一个和谐平安的社会，让我们的生命安全不再受到威胁，过放心的日子。而如果因为我们的盲目跟风，将事情的真相掩盖，导致人心惶惶，就是本末倒置了。

“前事不忘，后事之师”，本次非法疫苗事件固然影响恶劣，但也不失为一个改革契机。希望经此一役，我国建立规范疫苗体制的步伐能有所加快。也希望普通民众能够放心接种疫苗而不必再心怀恐慌的那一天尽早到来。

鉴于本次非法疫苗经营案对社会造成了严重的负面影响，国务院总理李克强作出了重要批示。批示指出：此次疫苗安全事件引发社会高度关注，暴露出监管方面存在诸多漏洞。食药监总局、卫生计生委、公安部要切实加强协同配合，彻查“问题疫苗”的流向和使用情况，及时回应社会关切，依法严厉打击违法犯罪行为，对相关失职渎职行为严肃问责，绝不姑息。同时，抓紧完善监管制度，落实疫苗生产、流通、接种等各环节监管责任，堵塞漏洞，保障人民群众生命健康。也正是这个举动，让迷茫的人们对国家重拾了信心。

第四章 自媒体时代，拒做舆论帮凶

2016年7月，32岁的游客赵女士在游览八达岭野生动物园猛兽区途中下车被东北虎拖走咬伤，其母周女士下车营救她时被老虎咬死。事发时，年轻小夫妻或发生争执，女子冲动之下开门下车，被窜出来的一只老虎叼走。见状，男子和女子的妈妈先后下车，然而女子的妈妈不幸被另一只老虎当场咬死并拖走。据了解，事发后，园方工作人员迅速赶往现场进行救援，然而年长女子已当场死亡，年轻女子受重伤被送医。一起本可避免的事故，最终造成一死一伤的严重后果。

说起来，这并非国内野生动物园发生的首例野兽攻击自驾车游客事件，但无疑是最受关注的一起。其原因恐怕一方面是事发后在网络上广泛流传的现场视频，而另一方面则是事故双方就“谁应承担责任”这个问题所展开的争论了。也正是这个问题，令此事件在网上持续发酵，影响日益扩大，成为年度热点事件之一。

流言猛于虎，切记勿往他人伤口撒盐

在整个事件的过程中，最耐人寻味的一幕却是广大网民的立场。面对事件的受害者，网民们几乎“一面倒”地加以批评和讥讽，认为其“自作自受”“作死”，而在赵女士一家向动物园一方索赔154万元的消息传出后，讥讽更是升级为指责和谩骂。当事人赵女士不仅被指“厚颜无耻”，更成为众多谣言中伤的对象：因夫妻吵架而在猛兽区下车的泼妇、专业医闹、“小三”等帽子纷纷扣到她头上，一时间这位赵女士成了“全网公敌”。

为何网络舆论会出现如此倾向？这起事件又是否如多数网民所认为的那样，是“责任全在下车者自身”呢？在这种一边倒的网络舆论背后，隐藏着怎样的心理机制，又能给我们什么启迪？

流言猛于虎！在网络这个大平台上，各种人群鱼龙混杂，网民的素质更是良莠不齐。其中不乏一些情绪化感情用事的“键盘侠”，他们躲在电脑的那头，任意指责自己看不惯的现象，甚至不分青红皂白地给别人扣上一个“莫须有”的罪名。法国社会学家勒庞在其经典著作《乌合之众》中说道：“人一到群体中，智商就严重降低，为了获得认同，个体愿意抛弃是非，用智商去换取那份让人倍感安全的归属感。”在网络这个群体中，人们丧失了自我思考的能力，一旦有了一种声音，就会有大批的追随者。他们站在所谓的“道德的制高点”，以一副“圣母”的形象指手画脚。

诚然，在这次事件中，游客在野生动物园区擅自下车的行为是不妥的。当事人破坏了园区的规则，理应承担一定责任。可当悲剧酿成的时候，当事人已经付出了血的代价，网民作为旁观者，却肆意对一个残破不堪的家庭恶语中伤，甚至对陷在悲痛中的女子进行言语上的侮辱，这种行为无疑是往伤口上撒盐，是对当事人的二次伤害。如果将对于一件事情的看法，上升到了对于当事人人格的侮辱，这就不是简单地发表观点了，已经变成了网络暴力。

随着新媒体的兴起，人们使用社交网络的频次也越来越高。在网络这个相对自由的环境中，人人都持有一支“话筒”，发声愈发容易，传播的速度和广度也呈现出前所未有的趋势。在这样的势态下，“网络暴力”一词渐渐出现在大众视野中，日益改变和影响着人们的生活。而本次事件中当事人所遭受的无端谩骂和讥讽，还只是网络暴力的冰山一角。

网络的环境相对开放，每个人都可以自由发言，但并不意味着可以逾越道德和法律的界线肆意妄为。为了逞一时口舌之快，平白无故伤害他人的行为，势必会受到道德的谴责与法律的制裁。人人都应该遵守社会公德，自觉维护网络秩序，净化网络环境。

令行禁止，按照一定的规矩秩序各就各位

在本次老虎咬人事件中，第一个焦点问题就是谁应该为事故承担责任。对此，事件双方可谓各执一词。此事发生后，受害者家属认为动物园应对事故承担责任，动物园则认为自身没有责任。受害者家属认为，赵女士一家人事发前误以为已经到了安全区才下车。而动物园方表示，在游览前已经一再警告在园区不得下车，并和游客在入园口签订了协议书。记者采访动物园负责人时，后者明确表示动物园没有责任，也就不存在赔偿的问题，如果有赔偿的话，也仅仅是出于道义上的考虑。

2016 年 8 月 24 日，延庆地方政府调查报告公布称，事件原因是受害者母女“未遵守严禁下车的规定”，认定此事不属于生产安全责任事故。报告一出，政府的态度似乎也更偏向动物园一方。而在网络上，多数网民也认定赵女士本人应承担责任。

一时间流言四起，斥责声不断，“责任在受害者自己身上，入园有签协议，广播也播了，警示牌也有，还想怎样”“在猛兽区下车，完全无视警示和规则，被咬是活该”等。还有人同情老虎和动物园，因为一个不靠谱的游客而不得不停园整顿，蒙受损失。

至于赵女士一方，也对自己的行为进行了辩护，并对“园方免责”的观点提出了质疑。赵女士的父亲赵先生接受采访时提出，当地政府部门此前所作的调查报告并不合理，园方在老虎袭击游客事件中，没有及时施救，没有应急措施，没有抢救

手段，对事故的发生是应该负有责任的。

至于入园前所签署的协议，也遭当事人质疑。赵女士事后回忆，她以为那个协议只是个关于车辆的登记表，正值车辆排队，工作人员催促，她没时间仔细阅读。检票员当时只是说不要下车，头和手不要伸出窗外，便将门票和“六严禁”的告知单一起塞到赵女士手里，但并没有解释告知单的内容。

与此同时，他们也否认了网上流传的“吵架下车”一说，称是因为赵女士晕车，所以想换到开车位置。至于为何在猛兽区下车，则是因为八达岭动物园东北虎园的构造非常混乱，容易给人一种错觉。在看到“禁止下车”警示牌的地方自己并没有下车，而是到了允许下车的休息区才下的车。

平心而论，赵女士由于没有遵守园区的规定，私自开车门下车，理应为自己的举动酿成的后果买单。当初开门下车的这一无心之举，却给当事人带来一辈子无法释怀的悲痛，事情已经给了她教训，其实无须外人多言。但是，在一味指责谩骂当事人的同时，各位看客有没有设身处地地想一想，园区就一点责任都没有吗？

答案显然是否定的。在受害人一方的陈述中，不难发现，园区在管理上也是有漏洞和疏忽的。

一方面，受害人下车的行为是因为自己晕车，她想更换驾驶位置，并非网友所说的“小三吵架”这样的狗血桥段。而事发当时由于园区没有设立明显的警示标语，再加上附近有停放的车辆，受害人误以为自己进入了安全服务区才下了车。

另一方面，在事故发生当时，园区的巡逻车并没有采取有效措施驱离老虎，没有及时地救助受害人母亲，才使其错过了最佳抢救时间。因此可以说，园区在管理方面，并没有做到尽职尽责。

抛开网络上诸多非理性的谣言和人身攻击，依我看来，在此事件中，受害人和园区都有一定的责任。受害人的责任是毋庸置疑的，主要表现在其自我防护意识淡薄：自以为只是一个无心之失，却酿成了悲剧。园区方虽无主观过错，却也存在防卫措施不到位之嫌。

对于此次事件，首先应该明确一点，无论如何评定双方行为，无论你对赵女士的遭遇是同情还是嘲讽，都不能改变一个事实，即游客一方犯有不可推卸的过错。对于游客赵女士一家事后提出的种种辩解，不论是未被告知协议内容，还是晕车所以想换到开车座位，抑或对动物园猛兽区的结构不熟悉，都不能成为在危险区域下车的合理理由。就算没有看协议的具体内容，老虎要咬人吃人这种最为基本的“常识”，一车人居然都置之不理，从中反映出来的是当事人自我防护意识的淡薄和对规则的漠视。

若要究其原因，一方面可能是一直生活在城市环境中的现代人已经很难对猛兽的威力有直观感受。在不少人眼里，熊是呆憨的萌兽，虎狮是美丽的大猫，狼是带野性的哈士奇，它们在野外的领地已逐渐被人类活动侵吞，踪迹难觅，而在动物园所见的，也多是一副萎靡懒散的样子，甚至还能温顺地和游客拍照合影，构不成太大威胁。然而真正直面时，你才会发现人类在这些猛兽面前是何等不堪一击。

其实，越是被圈养的野生动物，其野性越难除，一旦遇到机会，它对人类的攻击力更强大。2004 年 5 月 3 日，据《北京青年报》报道，八达岭野生动物园的大巴车门玻璃被一只大棕熊几掌拍碎，吓坏车上三十多位游人，近距离见识了“熊掌”的威力。

2012 年 2 月 4 日，济南跑马岭野生动物世界猛兽区内，七八只老虎围攻中巴游览车十几分钟，咬雨刷，咬轮胎，“四个轮胎基本报废”，整面前挡风玻璃“两掌就被扑掉了”。现场视频里，车内一片尖叫。多亏司机把车头顶在护栏上，才阻止了老虎进入车内，全车 28 人捡回命来。而这次，赵女士一家却没有这么幸运，为自己的疏忽付出了一死一伤的惨重代价。

在血的教训面前，也许我们都应该去唤回一些早已被抛诸脑后的“常识”，好好体会为何孔子会说：“君子不立于危墙之下”。

但另一方面，本次事件中更令人诟病的是游客一方所表现出来的对规则的无视。即使没有仔细看清园方协议，猛兽区内也有警示牌，工作人员也不可能不对“不能开窗、不能下车”做最基本的提醒。可这一切仍然挡不住赵女士打开车门的冲动。人命关天的事，何以如此托大？

虽然游客一方的过失是显而易见的，但这也并不意味着园方可以如其所说“完全免责”。虽然延庆地方政府调查报告认定本事件不属安全生产责任事故，但也只是表明园方没有“违反相关规定”而已。

调查组的一名专家也表示，调查只是针对这次事件本身，由于相关的国家标准、行业标准都没有，因此无法评估野生动物区自驾游模式有无风险等问题。虽然就此认定“猛兽区自驾游模式应该被淘汰”稍显武断，但是稍有常识的经营者也应该意识到这种模式所隐藏的风险。

如果仅仅把风险应对寄托在游客的自律之上，以为一纸协议就可以完全约束人心，那无疑是过于一厢情愿的想法，在如今中国公民整体素质仍有待提升的当下更是如此。正如中国消费者协会在就此事发出的声明中所说，作为这种高度危险游览项目的经营者，仅发放警示说明、签订协议书是不够的。消费者“违规”不等于经营者无责。

事实上，八达岭老虎伤人事件既不“空前”，也不“绝后”。据公开资料统计，2009 年至 2016 年，全国范围内的野生动物园发生动物袭人致死或重伤事件共 8 起。

其中，2010 年 6 月 13 日，一对父子徒步进入本来只有乘坐园区车辆才能进入的西安秦岭野生动物园虎区，父亲命丧虎口。2010 年 10 月 14 日，深圳野生动物园一名园林工人翻越 1.8 米高的玻璃幕墙，坠入东北虎散放区，被当场咬死。2012 年 10 月 27 日下午，同样在八达岭野生动物园东北虎园区，65 岁的刘某因急需小解而下车，被老虎扑倒咬致重伤。且八达岭野生动物园还发生过 3 起其他非自驾游客伤害事件。2015 年 8 月 12 日下午，秦皇岛野生动物园白虎园区，一名女性游客参观时自行下车，受到老虎攻击受伤。送往医院后，经抢救无效死亡。而就在八达岭事件发生后不到半年，2017 年 1 月 29 日，宁波雅戈尔动物园再次发生老虎袭人事件，一名游客为逃票翻越围墙进入虎区，遭到老虎围攻，被救出后经抢救无效身亡。

这些血淋淋的事实所暴露的，除了游客一方的麻痹大意，也有园方防范措施的不到位。事件发生后，赵女士一家质疑园方在发生事故后的应对措施不到位，只是靠巡逻车轰油门，按喇叭来试图吓走老虎，而并未配备麻醉枪等设备。虽然有许多网友对此不以为然，嘲讽其“太平洋不加盖你是不是也觉得防范措施不够？”但经过调查，园方的相关设备和措施确实有不到位之处。就在事件发生后，八达岭动物园猛兽区加装了电网，新增了 36 块警示牌，这在某种程度上也证明了先前防护措施的不足。但是“亡羊补牢，为时晚矣”，逝去的生命再也回不来，只能依靠这个行动，避免以后类似事件的发生。虽然截至目前，法院尚未对此案做出最后判决，双方具体责任认定还需斟酌，但园方显然并非自己所称的那样“完全没有责任”。

保持理智，学会换位思考才有价值

本事件虽不是首例野生动物园内的伤人事件，却无疑是同类事件中最为受人关注的。在新浪微博，“八达岭老虎咬人”相关话题的阅读数截至2016年年底合计近6000万。依据百度指数，

“八达岭野生动物园”关键词在事发后第三天即7月25日达到峰值85207，“老虎咬人”关键词在事发后第四天即7月26日达到峰值47230。

在这一引发全网关注的热点事件中，网民意见的“一边倒”倾向尤其耐人寻味。绝大多数网民，均认定赵女士自己应该承担责任，更不乏对其进行人身攻击和谩骂者。对此，有人颇为不忿，认为老虎咬人，按照正常逻辑，怎么也应该站在被咬者一边，为何有这么多人替老虎叫好?

有记者将此归结为网民的冷漠，“事故当前，广大的人们不仅毫无同情之心，全无反思之意，反而极尽讽刺、挖苦、嘲笑之能事，且毫无愧意。这种毫无人性的道德观、价值观，岂不比吃人的老虎还冷血！”这话虽然激愤，却并没有说到点子上。

同样是这些网民，也可以在“罗一笑事件”中，为一个素不相识的小女孩募得千万元捐款。在发生严重伤害事故时，网上舆论也是多为同情受害者的，说网民“太冷漠”，媒体“消费灾难”，实在有失公允。

那么，本次事件到底有何不同，使得大家对受害者同情不起来，反而还要落井下石呢?关键就在于当事人赵女士在事件中的双重身份：她并不仅仅是“受害者”，也是一个“规则的破坏者”。网络上一边倒的声音，其实反映的是大众对这种规则破坏行为的否定，是一种情感的宣泄。

人们对规则破坏者深恶痛绝，因为一般而言，这些人破坏规则会让自己得益，让别人受损。于是，当这些人因破坏规则而受到伤害时，人们便将其所受的伤害视为对破坏规则行为的惩罚。对赵女士行为的评价，便是此类心理机制的典型。“不作死就不会死”“自作自受”“不守规矩”“活该”“报应”……可谓句句诛心。从中不难感受到众人潜藏于心底的那股对规则破坏者的怒火。

在这种情况下，要广大网民把当事人作为被害者来同情，确实很难做到。但是，这是否意味着，违反了规则，就是死了活该？我们不禁思考，那个刚刚失去母亲、浑身伤痛躺在病床上，还要面对千夫所指的女性，就真的罪大恶极，值得广大网友同仇敌忾地指责、扒皮、攻击，甚至谩骂吗？

当然，事件发生后，也有媒体人提出了“管理冗余”的概念，认为园方考虑不全，没有为未知风险留出处理余地。当这种声音正面撞上“心疼老虎”的主流舆论，争论一下子开始多起来。传播学中有一个理论叫“沉默的螺旋”，它描述了这样一种现象：人们在表达自己想法和观点的时候，如果看到自己赞同的观点受到广泛欢迎，就会积极参与进来，这类观点就会愈发大胆地发表和扩散；而如果他发觉某个观点很少有人理会，即便自己赞同，也会保持沉默。这很好地解释了网友评论“一边倒”的现象。

如今的互联网上，部分清醒的“沉默的少数”在表达了相悖的观点时，往往会被“沉默的大多数”群起而攻之，所以这一类声音就会选择退出，避免被围攻。因此可以推断，在本次事件中，即便是有少数的理智者，希望能够凭自己的微薄之力为受害者说点儿什么，来减少舆论对其造成的二次伤害，可这样微弱的声音，就算能发出来，也早已淹没在了舆论的洪流之中。

事发后，赵女士的父亲赵先生曾呼吁网民换位思考，将心比心。这是有一定道理的。这次事件的受害者，其实也和我们大多数人一样，是过着平凡生活的普通人。他们确实违反了规则，并因此受到了巨大伤害，但这并不代表他们罪大恶极，需要面对此等口诛笔伐。换位思考，并不仅仅是让你思考自己会不会在动物园的猛兽区下车去“以身试虎”，我想大多数人对此的回答必然是否定的。

但是，在我们的生活中你就没有违反过任何规则吗？开车不系安全带，过马路闯红灯，醉酒驾车等，你就没有做过一件？对此问题，恐怕大多数人是无法坦然的。只是侥幸没有出事，没有连累、危及旁人，没有危及生命，更没有成为新闻热点被口诛笔伐。

这让我想起《圣经》中的一个故事：一群人抓到了一个妓女，商量着要按照律法，用石头砸死那女人。于是他们要深明律法的耶稣讲，现在是不是可以执行这法律。耶稣说：“你们当中没有犯过罪的人，可以拿石头砸她。”结果人们静默，放下手中的石头散去了。

“人非圣贤，孰能无过。”试问那些站在道德的制高点指责当事人的“吃瓜”群众，就没有犯过错吗？况且，当事人已经付出了惨痛代价，这时候最需要的是情绪的安抚。可放眼望去，各大网络平台，依然充斥着各种对受害人赵女士进行中伤的污言秽语。网络本来是个供人们发表言论、分享观点的平台，如今却变得戾气愈发严重。人们习惯了肆无忌惮地在网上发表言论，自以为站在正义的一方，不顾他人的感受，长期以来就形成了网络暴力。而网络暴力对一个人的打击，往往比身体上的伤痛更难以承受。

另外，网友之所以心疼老虎，一致把矛头指向赵女士，跟一些媒体的诱导性报道也脱不了干系。为了博人眼球，媒体对事件的报道，不再是客观地还原现实，而是进行各种戏剧性的加工。随着新媒体、自媒体的发展，人人都成了内容生产者，信息在传播的过程中经过了多次加工之后，就完全变味儿了。例如本次事件，就被某些自媒体和客户端进行了渲染和加工，再取一个耸动的标题来吸引读者的眼球。很多不明所以的网民，恰恰就是被这些文字煽动了情绪，才加入了斥责受害者的大军中。好像自己不跟风发声，就跟社会脱节了。

新闻事件，是还原客观事实的，不能带有任何的主观情绪色彩在里面，否则，就很容易对他人造成指示性引导。每条新闻都不应该成为民众发泄情绪的宣泄口，而应该成为一条探求真相的通道，触发人们对事件背后问题的思考，引领人们去反思自己的行为，为的是以后的人生少走一些弯路。毕竟血淋淋的教训，一次就够了。

在任何时候都不要毫无原则地做出改变

这一偶发事件的背后，是否隐藏着日常行为所导致的惯性呢？这也是很多网友所指出的，如一名网友所说："这家子人平时有多迁就（赵女士），可以让她如此淋漓尽致地发挥个人情绪？感觉她的做法是一种习惯的延续，平时就应该是真我本色，哪怕没命也无所畏惧。"换言之，受害者平时在家里任性骄横惯了，谁都得惯着她让着她，结果出门以为老虎也要让着她，却没想到老虎不买账……此番言语虽有所夸张戏谑，但也不是全然没有道理。

其实在我们的生活中，类似赵女士这样无视规则的行为并不鲜见。"中国式过马路""中国式驾驶"等现象比比皆是。造成这一现象的根本原因是国人规则意识淡薄，缺乏契约精神。人们往往抱有一种侥幸心理，不认为一件在他们眼里微不足道的小事会有多大影响。或者认为自己虽然违反了规则，但不会那么倒霉"撞在枪口上"，而这往往就是造成更大伤害的导火索。

"没有规矩，不成方圆。"规则在这个世界无处不在，不管是自然界还是人类社会，都有着它的法则。八达岭野生动物园老虎咬人事件中的受害人因为没有遵守野生动物的"丛林法则"，在园区擅自下车惊扰了老虎，酿成了一死一伤的悲剧。而现实生活中，还有其他一些"以身犯险"的事例，酒驾、闯红灯，这些现象层出不穷，给当事人自己和他人的生命安全造成了威胁。规则的制定，本来就是为了保证每个人的安全和权利。我们的生活中从来不缺少规则，缺少的，是一颗敬畏规则的心。

当然，像这样因为不守规则而酿成的惨剧不是个例，其后果非常严重但为什么还是时有发生？归根结底是由于人们存在一种侥幸心理，总觉得事情不会那么巧合地发生在自己身上。久而久之，就形成了一种心理惯性，认为不守规则更能获益，遵守规则就是迂腐、不懂得变通。在对待规则这件事上，人们总是觉得其他人都不遵守，我如果遵守，那不就是吃亏了。不想让自己在遵守规则上“吃亏”，却因为以身犯险酿成大错，甚至危及生命，这样不是更得不偿失了？

马丁在《我是演说家》里说过这样一段话：“这个世界上当我们独立之后能帮你的东西不多，这个世界上没有比规则更加冷冰冰硬邦邦不讲人情的东西了。如果你不遵守它，它就会比老虎更可怕，但如果你遵守它，它就是你最坚硬的盔甲和最温暖的外衣。”在这个充满了各种法则的世界里，没有人会在乎你的处境。自觉遵守规则，不去“钻空子”，就相当于在敬畏生命。

在漫漫人生路中，不管是为了自己，还是为了家人，都要做到遵守规则，不侥幸，不任性。因为生命只有一次，没有从头再来的机会。死者已矣，殷鉴犹在。敬畏规则，往往也是在保护自己。

敬畏规则，站在让你的身心安全的一边

“八达岭野生动物园老虎咬人事件”的法律判决尚未最后做

出，但经过一年多的沉淀以后，也已大致算是尘埃落定。此时，少一点指责与谩骂，多一些自省与自律；少一点对受害者的人身攻击与拷问，多一点透过现象深入挖掘问题的根源与本质，恐怕是更为合理的态度。那么，我们应该从这一事件中吸取到什么教训，又应该如何以此指导自己的行为？

简单地说，便是四个字："敬畏规则。"

别看这四个字简单，真要做到并不容易。本次事件固然让我们看到了受害者规则意识的淡薄，但那些在网上对其口诛笔伐的人，是否一定就是恪守规则的人呢？也许未必。当然，破坏规则又让自己受害的傻事，自然是少有人做了。但如果是破坏规则并从中得益呢？甚至是并没有太大得益，只是能够获得些许便利而已的情况呢？

这其实也正是相当一部分国人的"规则观"所不健全之处：只有规则符合他们的利益时，他们才会遵守。这就是对规则缺乏敬畏心的体现。这些人甚至觉得，"有了规则，他们才能感受到破坏规则的优越感，以及享受到不守规则的好处和便利。"他们甚至还自认为自己是有创意、有勇气、敢于突破的聪明人。

不可否认，这种人在现实生活中是大量存在的。他们开车时碰上别人闯红灯便破口大骂，可自己走路时却也不把红灯当回事；宽于律己，却严于待人。正是因为这种想法的广泛存在，在中国，规则变成了一种"权变"式的存在。你有本事，就可以走后门，不守规则，还不用承担后果。"撑死胆大的，饿死胆小的"。至于认真遵守规则的人，则要被嘲笑"不知变通"。这种负向机制之下，自然是不守规矩的行为越来越多，以致肆无忌惮。而老实守规则的人，则只能肚子里憋着火，或寄希望于老天爷对不守规矩者的惩罚。本次事件中，为何这么多人会觉得老虎咬人“大快人心”，不也是因为自己肚子里的那一团邪火吗?

所谓“城门失火，殃及池鱼”，不遵守规则，有时候伤害的可能不只是自己，还有身边的人。就像本次事件中的当事人，因为自己一时的疏忽大意，间接造成了母亲的死亡。悲剧无法挽回，我们只能“哀其不幸，怒其不争”。在生活中，也不乏有司机不遵守规则，连累了一车厢的乘客受到伤害的例子。规则是用来遵守的，而不是用来打破的。因为破坏规则酿成的惨痛悲剧太多太多，我们不想再看到。

所以，“敬畏规则”就是不再用这种“权变”的心态去面对规则，而是将其当作一种应当恪守的信仰。只有每个人遵守规则慎思笃行，社会的公序良俗才能得以实现，个人的长远利益才能得到保障。当然，对于规则的合理性，我们可以有自己的意见，但这绝不是让你只从自己的便利和得益来衡量规则。相反，应该时刻考虑破坏规则的行为最终对自己所造成的伤害。乱扔垃圾，固然可得到一时的方便，但最终后果是整个环境的脏乱差，这是否是同样身在环境中的你所愿见到的呢？如果不是，那就应该从我做起，不做破坏规则之人。

从换位思考的角度而言，其实中国的动物园产业发展现状并不乐观，也就是说动物园的收入并没有想象的那么丰厚，管理方式与规则制定方面，形式主义大于实用价值，仍存在太多漏洞。

2010年，国家林业局下发禁止与动物亲密接触的禁令，包括住建部也下发全国范围内开始停止动物表演的意见，但大部分动物园的情形却并非令行禁止。

“行动亚洲动物保护团队”于2011年7月在深圳举办了“关怀生命沙龙”，将话题锁定为“看动物表演是欢乐还是其他？”让人们了解动物表演背后的真相，也呼吁大人和孩子一起身体力行，拒绝观看动物表演，力求在中国逐步淘汰这种以营利为目的的虐待动物的行为。

从2011年年初的寒假开始，一支由中国学者及高校师生组成，关注中国动物园动物福利的志愿者队伍，走访了全国数十家动物园、海洋馆，考察2010年10月住建部出台的《关于进一步加强动物园管理的意见》叫停动物表演的落实情况。志愿者们发现，动物表演中动物们受到严重的虐待。这次调查结果引起了住建部和中国动物园协会的高度重视，鼓励志愿者们继续监督和举报全国更多动物表演项目。在此背景下，小组在2011年五一假期进行又一次调查，但结果依然令人失望。

沙龙以韩国首尔电视台拍摄的揭露动物表演真相的纪录片《表演动物的影子》作为开场白，真实展现了海南省南湾猴岛表演动物幕后的生活以及训练：为了强迫母猴进行表演训练，训练人员强制取走待在母亲怀中仅仅半岁大的小猴。影片中的猴子被禁锢在无法完全伸展自己双臂的矮小笼子中，吃米饭，没有筑巢材料，更没有猴群的天然社交。

中央社会主义学院的莽萍老师介绍了中国动物园观察小组的报告内容：现在中国动物表演的情况非常严重，在中国有200多家动物园，包括城市动物园和野生动物园，或多或少都为了商业利益正在开展动物表演项目。

让人不安的是，动物表演规模越来越大，同时野生动物保护区甚至国家野生保护区也在做大量的驯养和训练，几乎所有人们常见的野生动物都被训练为动物表演者，把动物变成我们娱乐工具的方式，对动物的伤害是非常严重的。

深圳资深媒体人张学虎是本次沙龙的嘉宾主持，在影片结束后，他就表示，“动物表演残酷的背后，是人性的残酷。看到这些画面，我非常愤怒”。

嘉宾“子在圳上曰”认为，人与动物接触的前提应该是双方都感到愉悦。只顾自己享受不考虑动物感觉的态度是自私的、不可取的。古代人类驯化其他动物是为了生存，而现在驯化动物完全是为了享乐，驯化的目的从本质上就发生了改变，并且训练动物表演都伴随着虐待的发生，太残忍了。

加拿大动物园监察协会执行总监的Rob Laidlaw通过视频会议系统从加拿大连线参与，他指出猕猴是高智能、社会化异常活跃的灵长类动物，应生活在草原和森林环境，主要吃水果、种子、嫩芽、树皮、昆虫，它们的正常天性行为是攀岩、跳跃、跑步的觅食行为及梳洗行为。

来自英国的“行动亚洲动物保护团队”执行长PeiFen Su

女士也通过视频会议系统与现场互动。她表示观看动物表演，会让儿童接受错误的对待动物的信息，让孩子以为动物可以被轻易娱乐和羞辱，同时也让儿童对动物虐待习以为常，因此而对虐待的认知更加淡漠。她非常支持中国住建部以及国家林业局提出的禁止动物表演的规定。

类似的态度和言论还有很多，但我认为，动物园强迫动物表演，不能简简单单地只用愤怒和叫停来处理。我们应该探究的是其背后的深层次原因。因为许多动物园的生存现状是入不敷出，而国家又没有相应的补助和优惠政策，才迫使许多经营单位去对动物下手。也正是这样，才令许多的动物园从业人员产生了重利益而轻原则的想法。回归到八达岭野生动物园老虎咬人事件，如果工作人员能够更加认真仔细地告知园内的安全注意事项，或许就能避免这桩悲剧的发生。

动物园行业的乱象的确需要整顿，但整顿的手段不应该是简简单单地取缔或者叫停，而是应该从根源入手，加大对动物园发展的优惠政策，有了这种鼓励，更多的动物园从业者才会有勇气、有信心让动物园的发展经营走上正轨。

第五章

网络募捐，你的真诚比黄金更珍贵

2016年底，一篇名为《罗一笑，你给我站住》的文章刷爆微信朋友圈，一时间成为热点。当然，在互联网时代，引发公众关注的热点并不鲜见，只是多数情况下都是“昙花一现”，便会被随后涌现的新事件迅速取代，淡出公众视线。

然而，以这篇文章为起始的“罗一笑事件”却因其随后的一连串逆转，引发了远超一般网络热点的舆论关注及争议，成为当年最热门网络事件之一，并入选由上海社科院家庭研究中心评选的2016年“年度十大家庭事件”。

小女孩罗一笑的遭遇，在牵动无数网友关心的同时，也让人们不得不对网络传播、慈善行为、网络欺诈等一系列问题进行审思与拷问。

不要低估互联网信息扩散的力量

小女孩罗一笑在2016年9月被确诊患有急性淋巴细胞白血病，并在随后3个月三次接受化疗；11月因病情恶化，转入重症医学科；11月25日，其父亲罗尔便发表了一篇题为《罗一笑，你给我站住》的文章，文中称自己的爱女身患白血病，每日医疗费上万元，而自己月工资仅4000元，且“一大半医疗费走不了医保”；27日，微信公众号“P2P观察”转发此文，并称“文章每转发一次，就捐赠笑笑一块钱，文章同时开启赞赏功能，赞赏奖金全部归笑笑”。自此时起，这篇文章开始了爆炸式传播，不仅在短短几天内突破几十万大关，甚至连打赏金都多到引发微信系统bug……

然而，正当人们为网民们的献爱心举动赞叹不已时，事件走向突然急转直下：先是某医生在微信发文称罗一笑的每日医疗费为5000元，并非文中所说上万元，且80%可报销；紧随其后的是网传罗尔在深圳、东莞两地坐拥3套房产，绝非先前描述的那么窘迫。

一时之间，网民的情绪从先前的同情转为质疑和愤怒。面对舆论的压力，罗尔在2016年11月30日现身接受公开采访，承认自己有3套房情况属实，在被问及为何不卖房救女时，其回答“房子是留给儿子的”等言论再次引发网友哗然，同日，民政部门也介入调查。12月1日，罗尔发表声明表示将200多万元捐款全部捐出。

12 月 24 日，罗一笑最终不治去世。然而事件引起的余波依旧久久不能平息……

“罗一笑事件”因哪些机缘的存在而发生？其带给我们哪些启迪和警醒？思索这些问题的答案，也许比单纯指责和怀疑当事人更有意义。

在事件中，抛开一波三折的后续，最令人印象深刻的，恐怕还是事件的“病毒式传播”。这种传播方式，是事件发生的最重要契机，而这无疑是拜互联网的迅猛发展所赐。

首先，是网民基数的迅猛增长。根据中国互联网络信息中心（CNNIC）的统计数据显示，2009 年中国网民总数为 3.84 亿，而到 2016 年 6 月，这一数字已达 7.1 亿，翻了近一番。网民不仅在数量上快速增长，而且在覆盖范围方面，也体现出跨年龄、跨地域、跨阶层的特性。如果说十年前上网还是年轻人的专利，现如今却是上至退休老人，下至学龄前儿童，皆成网络大军。

其次，是上网平台的悄然转变。如今这 7.1 亿网民中，经常使用手机移动端上网的人数达到 6.56 亿，占比达 92.5%，表明上网平台已完成了从电脑端到移动端的转换，进一步拉近了人们与网络的距离，为各类事件的扩散和传播提供了丰富的土壤。

最后，是以微信为首的整合型 App 的普及。以往的网络平台功能较为单一，看新闻可以去门户网站，和人聊天用 QQ，讨论问题去 BBS 论坛，如果想要募捐，就要去支付平台。在支付平台普及率不高的时代，或许还要去银行汇款。而如今，这一切通过一个微信就能全部搞定。你在公众号里看到一篇求助的文章，可以直接转发，不必辛苦地复制链接到处粘贴；还可以直接打赏，不用去银行，连支付宝都不用开。

这种“一站式”服务无疑给大众提供了极大的便利。微信自2011年面世以来，短短6年时间，已拥有超过8亿月活跃用户，智能手机的覆盖率也已达到令人“恐怖”的94%。可以说，微信已经不仅仅是一个软件或是社交平台，而是一种生活方式。“罗一笑事件”的全程不是发生在其他平台，而是发生在微信上，是有着极为充分的客观原因的。

正是因为以上几点的变化，令互联网信息扩散的力量达到了发起人也始料未及的程度。罗尔本人在2016年11月30日便发出《我承认，我被钱砸晕了头》一文，坦诚自己被纷至沓来的捐款搞得不知所措。

转发其文章的公号“P2P观察”所属的“小铜人”公司高管，罗尔的好友，也是本次事件发起人之一的刘侠风在接受采访时也坦言没有想到引发这么大反响，一开始觉得“公司捐个三五十万就好了”。

虽说事后有不少网民指责罗尔诈捐，但通过梳理整个事件可以看出，他倒也未必真是骗钱。孩子有病是事实，医疗费紧张也不假，但也没有紧张到必须把房子卖了的程度。于是想在朋友帮助下求助网络，收些捐款缓解下压力，也好安心准备下一阶段治疗。

不承想事端一起，竟一发不可收拾，捐款数目直逼300万元，更引发了舆论关注和质疑，让自己背上了“拿女儿的生命骗钱”的骂名。这一切的发生，恐怕真的让罗尔等发起人傻眼了吧。

网络江湖，你的诚信就是底线

面对互联网的惊人力量，我们应该是喜是忧？我想首先肯定是应该喜。在这个人情冷漠的社会，仍然有这么多人愿意在网络上为一个素不相识的陌生人伸出援手，奉献爱心，这本身就是令人充满感动的“正能量”。

这几年，政府积极倡导“互联网 +”概念，其核心便在于依托互联网和传统产业的互相融合，推动产业升级。而在本次事件中，我们可以看到，互联网与慈善等非营利公益事业的结合，也一样可以带来“1+1 ＞ 2”的效应，通过“公益众筹”等全新模式，大大提高传统慈善的效率，为更多需要帮助的人带来福音。可以说，慈善的未来在互联网。

但我们也不得不担忧，因为“罗一笑事件”所引起的风波无疑暴露了当下民间网络慈善行为缺乏监管的现状。如果放任此类事件一再发生，就会让人把“网络慈善”和“诈捐”画等号，届时恐怕会对网民的公益热情造成严重打击，这是谁都不愿看到的。

其实，“罗一笑事件”既不是网络募捐的第一例，也不是由此而来的诚信问题的第一例。自有互联网以来，便已有人尝试将其用于各种募捐和经济求助，在此过程中诚信问题一直如影随形。

网龄较长，经历过论坛时代的网民，也许还对当年发生在天涯论坛的“卖身救母”事件留有印象。以今天的视角回顾这起发生于2005年的网络事件，会发现其发展过程与“罗一笑事件”有着太多雷同：当事人陈易一样是以家人手术费用负担沉重为由上网求助，并在短时间内得到网友踊跃捐款；一样是因被人爆料其实际情况与宣扬的不符而引发网友质疑，舆论反转；也一样以患者不治去世，当事人捐出所有捐款而告终。

所不同的，只在于当年的网络普及程度远不及今日，因此募得的捐款数量，以及事件的受关注程度不可与如今同日而语而已。两相对比，令人感叹“历史永远不缺乏相似性”之余，也很能说明问题关键所在：网络的力量在迅猛增长，可相关的监管，舆论问责，当事人的应对以及网民的心理机制，却依旧在原地踏步。

其实，诈捐事件早已有之，只是随着互联网的普及，诈捐的现象才渐渐为人们所知。近些年来，就发生了一系列的诈捐事件，诈捐手段不断更新，令人防不胜防。而案件的屡屡发生也更令人们清醒：诈捐不等同于诈骗，因为诈捐所涉及的问题，已经达到了道德的层面。

2015年8月14日，网民举报一个网名为“我的心属于拜仁慕尼黑always”的人冒充天津港爆炸事件受害者，骗得千人捐助10万多元。同年10月21日，安徽利辛一个26

岁女子李某被恶犬咬成重伤，起初说是下班途中为救被两狗撕咬的小姑娘，获爱心款80多万元。后被拆穿，李某是在养狗场被咬，狗场主人正是其男友张某。其男友也在事件发酵到无可挽回的情况下，承认撒谎，同时声称已将所有善款用于给李某医治上了，并未私自享乐。

2016年1月，知乎网友举报有人先将自己打造成知乎女神“童瑶”，又用一个小号，扮演一位身患重病的女大学生，还为其取了一个网名“ck小小”，此人在网络上演了一出苦情双簧戏，骗取24万余元捐款。

同年，又有一人如法炮制，以“希望盼望宝贝康复”的微博账号，向不知实情的人们求助，称自家孩子得了神经母细胞瘤，还有照片和诊断报告为证。3月26日，演员李小璐便捐款并转发消息，而“希望盼望宝贝康复”博主拿到钱后，却未予回应，后来更是删除求助微博，企图归隐逃遁。李小璐意识到受骗才报警，4月8日嫌犯才落网。

仍是在这一年，在一个非常火爆的网络直播平台“快手”上，有一个名为“快手黑叔”的主播活跃其中，他曾发布一段揭秘慈善造假的视频，视频内容显示：几个文身者正在为十几个破衣烂衫的村民发放现金，视频没完却又从村民手中将钱收回，还以各种强悍理由声称这是“规矩”。这段视频一经播出，便引起网络哗然，现代社会，我们对营销噱头已经足够宽容，但是戏耍贫苦病弱，社会大众对此零容忍，这也是我们最大的欣慰之处。此后，视频当事人，亦是快手平台的一个主播，名为“快手杰哥”的人承认，弄虚作假行为是“涨粉”心理驱动，此号被“快手”立即封号调查……

从客观上看，网络募捐可以说是慈善制度上的一种创新和尝试，使社会公众能够更加便捷地得知相关信息和捐助善款。但网络募捐门槛低、传播快、互动强等特点，给不法分子提供了可操作的空间，让他们有机会利用制度漏洞，骗取他人善款。

我们若要在日常生活中，防止被骗捐，被诈捐，被诓捐，就要从以下几点进行控制和把关。

第一，我国在个人募捐方面立法不健全，还存在很多缺失之处。我国现行法律法规对个人募捐行为没有具体规定，2016年9月1日生效的《中华人民共和国慈善法》（下称《慈善法》）中对个人募捐行为的限制也较为模糊，仅在第33条规定：“禁止任何组织或者个人假借慈善名义或者假冒慈善组织开展募捐活动，骗取财产。”并在第101条对个人开展公开募捐可能承担的行政责任简要作出了规定。

也就是说，个人募捐行为定性属于法律盲区，个人募捐流程、善款明细及使用情况公开，相应监督机制都是立法真空带。在现实中，个人募捐行为不在少数，受捐者多数不会被要求公开明细，这是受中国人固有的儒家思想影响，善良的人们不想在已经焦头烂额、苦痛万分的求助者身上，再加诸任何负担。可是这一点，在很多投机取巧的人眼中，便成了肆意掠夺他人眼泪与善心的机会，于是他们产生了以骗取同情得到非法收入之想法。

第二，网络分享平台对于个人募捐行为，是无相应监管、审核、调查、证明机制的。我国《慈善法》第23条规定：“慈善组织通过互联网开展公开募捐的，应当在国务院民政部门统一或者指定的慈善信息平台发布募捐信息，并可以同时在其网站发布募捐信息”；第27条规定：“广播、电视、报刊以及网络服务提供者、电信运营商，应当对利用其平台开展公开募捐的慈善组织的登记证书、公开募捐资格证书进行验证。”

立法者意识到网络平台管理规范化的重要性，对慈善组织网络募捐设置了专门信息发布平台，也明确规定其监督管理责任。但对不具备公募资格的组织与个人，在网络平台发布虚假募捐信息进行诈捐、骗捐的行为，《慈善法》并未明确网络平台的监管责任，个人网络诈捐的受害者仍无法向网络平台追责。

由此看来，个人网络募捐，仍处在监控和法律问责的盲区。这与量刑，还有事实构成，以及成年人为自身行为负责等几大因素有关。因为在国家已有对慈善捐款与网络平台募捐的相应管制措施的情况下，一个有完全行为能力的成年人，仍相信未经证实的网络信息，多半是与国家公众机构关系不大，需自行负责的事情了。

不过，对此情况，法律上虽没有关于个人网络募捐、诈捐、骗捐行为的具体处罚规定，却可以用其他法律条款进行监管和处罚。

第一，《中华人民共和国合同法》第54条规定：“一方以欺诈、胁迫的手段或者乘人之危，使对方在违背真实意思的情况下订立的合同，受损害方有权请求人民法院或者仲裁机构变更或者撤销。”

第二，《中华人民共和国侵权责任法》第6条的规定：“行为人因过错侵害他人民事权益，应当承担侵权责任。”意味着捐赠人能以财产权被侵害为由，要求募捐人返还财产、赔偿损失等。

第三，《中华人民共和国慈善法》第101条规定：“开展募捐活动有下列情形之一的，由民政部门予以警告、责令停止募捐活动；对违法募集的财产，责令退还捐赠人；难以退还的，由民政部门予以收缴，转给其他慈善组织用于慈善目的；对有关组织或者个人处二万元以上二十万元以下罚款：（一）不具有公开募捐资格的组织或者个人开展公开募捐的；（二）通过虚构事实等方式欺骗、诱导募捐对象实施捐赠的。”

第四，《中华人民共和国治安管理处罚法》第25条规定：“有下列行为之一的，处五日以上十日以下拘留，可以并处五百元以下罚款；若情节较轻的，处五日以下拘留或者五百元以下罚款：（一）散布谣言，谎报险情、疫情、警情。”

第五，《中华人民共和国刑法》第266条规定：“诈骗公私财物，数额较大的，处三年以下有期徒刑、拘役或者管制，并处或者单处罚金；数额巨大或者有其他严重情节的，处三年以上十年以下有期徒刑，并处罚金；数额特别巨大或者有其他特别严重情节的，处十年以上有期徒刑或者无期徒刑，并处罚金或者没收财产。”

第六，《中华人民共和国刑法修正案（九）》第 32 条规定：“对于编造虚假的险情、疫情、灾情、警情，在信息网络或者其他媒体上传播，或者明知是上述虚假信息，故意在信息网络或者其他媒体上传播，严重扰乱社会秩序的，处三年以下有期徒刑、拘役或者管制；造成严重后果的，处三年以上七年以下有期徒刑。”

综上所述，法律的确对各个级别的网络诈捐案的作案者都做出了相应的处罚规定。但我认为，这些处罚还不足以震慑那些想要作案的人。再回到“罗一笑事件”，事后，罗尔也诚恳地发表了致歉声明，将捐款捐出，此事便不了了之。长此以往，若这类事件再起风波，岂不寒了那些热心于慈善的网友的心？这也难怪会有人将网络募捐和诈捐画上等号。

所以说，不管法律是否健全，规定是否细致，都在于人们是否能够充分践行自约自律的做人原则。在网络江湖中，诚信才是最后的底线。

任何事物都有阴暗面，你要做的是原地转身

根据我国《慈善法》的规定，所谓慈善募捐，是指慈善组织基于慈善宗旨募集财产的活动。包括面向社会公众的公开募捐和面向特定对象的定向募捐。

网络募捐是近几年逐步在国内兴起的一种募捐方式，随着

互联网覆盖范围逐步扩大，不少个人通过诸如微博、微信等平台发起募捐。相对于慈善组织通过网络开展募捐而言，个人网络募捐通常具有随意性、开放性等特征。个人募捐行为往往遭诟病的原因就在于募捐的过程和资金流向不透明，才导致各种诈捐事件此起彼伏。

而在处理这些案件时，我们也应该反思。首先是监管上的疏忽。如果我们有一套详尽可靠的募捐审核流程，在每一条募捐信息上都能做到认真调查，严格把关，还会出现那么多的网络诈捐事件吗？如果我们的网警能认真观察各大网站的动向，“防患于未然”还会是一句空话吗？

再说说慈善机构，为什么许许多多处在困难中的人不愿意通过慈善机构来募捐，而要借助于网络平台来实现呢？首先一点就是慈善机构的审核流程相对繁杂，不如网络来的简单明了。

我国《慈善法》中明确规定，禁止没有公开募捐资格的个人和组织开展公开募捐。对此，相关人员解释，禁止的目的和出发点，是由慈善行为的性质决定的，是为了让慈善的行为更加规范。个人不能用公开的方式去募捐，可以通过法律途径，可以找有公开募捐资格的慈善组织，请求他们来帮助征集善款。

问题就出现在究竟应该通过什么样的法律途径，请求他们来帮助征集善款呢？这给“个人募捐”将如何走下去，画上了一个大大的问号。处在困难中的人群，有相当一部分人文化程度不高，跟他们说“法律途径”这么高深莫测的词，让他们去何处寻找呢？当然，这还是浅层次的原因。更为深层次的，是慈善行业这些年来也没给大众留下好的印象。

2011年“河南宋庆龄基金会被曝大量资金用于放贷”、2012年“爱眼工程被曝高价骗钱”、2012年“中红博爱董事长翁涛涉毒被拘”、2013年“郭美美事件”……一次次慈善丑闻不断刺激着我们的神经，这样的慈善，大众还信得过吗？如此看来，网络募捐倒在某些程度上解决了这些问题，让人们借助网络的手段来募捐，达到解决自己困境的效果，反而是一件功德无量的事情。

人们看待事物，往往更容易被这些事物的阴暗面给吸引，即坏的影响力要远远大于好的影响力，这便使得人们在对事物的认知上存在偏颇。网络募捐亦是如此，其实仔细观察，你会发现，网络募捐的的确确帮助不少人走出了困境，发挥了它积极正向的一面。相比之下，高高在上让人难以捉摸的慈善机构，却屡曝丑闻，难道不能说，网络募捐就是一场“及时雨”吗？我认为，网络募捐不应该成为慈善事业的“弃子”，反而应该顺应时代的发展，好好加以利用，善以监管，以为更多有需求的人提供帮助。

当今世界，慈善事业的发展越来越受到重视，在不少发达国家，慈善法规和实践已相当成熟，而对于个人募捐模式，大部分发达国家也都没有做出禁止规定，然而对其如何监督和管理却都有了比较完善的措施，其经验可资借鉴。

例如，美国通过立法和严格的监督机制鼓励社会办慈善，政府并不限制个人募捐行为，私人基金会成为慈善事业运营主体，慈善事业的商业化模式得到广泛运用；同时，美国绝大多数州都规定，不论是私人慈善机构还是政府慈善机构，都必须向州首席检察官提交年度报告，首席检察官可以代表公众对触犯公共利益的慈善机构提起公诉；此外，美国法律还规定任何美国公民都可以去慈善机构查阅账目。

随着互联网的迅猛发展，互联网与慈善相结合的方式给了社会公众更便捷的途径奉献爱心，那么，如何引导个人网络募捐行为向合法化发展呢？我有以下建议。

首先，完善立法，加强对个人募捐行为的规范。目前，已于2016年9月1日生效的《慈善法》对个人募捐行为的限制比较模糊，仅规定对于个人假借慈善名义行骗的行为，由民政部门予以警告、责令停止募捐活动，但是并没有给出具体的认定标准，对于个人募捐的流程、善款明细及使用情况的公开以及相应的监督机制等也未予以明确。因此，借鉴国外相关经验，结合我国具体国情，我们应该立法明确个人募捐资格，允许个人或者非法人单位进行募捐活动，并增加对个人募捐的主体、时效、权利义务等的相关规定；个人开展募捐活动，相关慈善立法可以规定发起者本人必须到相关民政部门进行信息备案，并由民政部门进行审核及公布，做到募捐过程公开透明，资金流向明确；增加慈善立法的可操作性，尽快出台相应司法解释，增加对个人募捐的主体、流程、善款明细及使用情况的公开以及具体行政管理部门的监督机制等的规定，使个人募捐真正做到有法可依。

其次，加强对个人募捐行为的行政监管，建立募捐活动的认证及反馈机制。网络诈捐行为的频频发生，从侧面反映出我国网络管理部门对个人募捐行为以及网络信息的监管力度不够，因此应加强对个人募捐行为的行政监管。对此，建议增加募捐活动的认证及反馈机制，民政部门应对每一笔募捐款项进行及时认证和公布，并对捐款用途进行及时反馈。行政监管部门应明确职责分工，事前严格限定募捐信息发布者的准入条件，并在网络媒体日常运营过程中不断加强对网络信息内容及方式的监管；事后对违反网络监管的募捐信息发布者及网络服务提供者采取罚款或暂停服务进行整顿的处罚，通过事前、事后的监管减少网络诈捐行为的发生。

再次，明确网络平台的监管责任，增加募捐信息的公开制度。《慈善法》规定慈善机构应当在民政部门统一制定的慈善信息平台发布募捐信息，同时，由于现有互联网平台种类繁多，个人会更倾向于在信誉好、用户多的平台发布募捐信息，因此应当明确网络平台对于个人募捐的监管责任。网络平台应当对在其平台上发布的信息有初步审核的责任，对于募捐类的信息应当进行及时核实，在事前做好募捐人信息核对，或者在初步形式审核之后，向民政部门备案，由民政部门进行实质审查。在民政部门审核完毕之后，应当将募捐信息进行公开，接受社会公众的监督。而对于已经发生的网络诈捐行为，网络平台应当在得知消息后主动删除相关信息并作出公告，及时采取必要措施，否则相关部门可以根据我国《侵权责任法》第36条和《最高人民法院关于审理利用信息网络侵害人身权益民事纠纷案件适用法律若干问题的规定》第9条的规定，依法对其进行相关处罚，追究其监管责任。

最后，民政部门应当丰富募捐途径，加强网络安全宣传。在高速发展的当今社会，募捐形式已经呈现出多样化的趋势。《慈善法》规定慈善机构应当在民政部门统一的网络募捐平台公布慈善募捐信息，除新增的网络募捐形式外，民政部门也应当多方面考虑，丰富募捐途径，例如，可以在公布相关募捐信息后，在社区、街道或者工会增加募捐点，也可以通过研发手机App，增加手机捐款的方式，让一些没有办法在网络平台得知募捐消息的公众，通过多种途径奉献自己的爱心。同时，网络行业监管与法律保护的作用毕竟有限，要想避免个人诈捐事件的发生，仍有待于网民自律意识的提高。民政部门和网络媒体要加强网络安全宣传，提高网民的自律意识，从根本上预防诈捐行为的发生。

在场景中，你的角色就是你的人格

从互联网行为的心理机制角度来看，网络固然可以凭借其巨大的影响力、高效的传播和资源整合能力在短时间内发挥巨大的力量，但参与其中的网民所付出的情感和信任却是脆弱的，因为这种情感和信任是建立在不对等的信息之上的。

一旦有人质疑，并拿出一些“真实情况”做爆料，那么这种信任就会迅速转化为质疑和被欺骗的愤怒。当事人本身的应对失策和言语失当，也会进一步将怀疑转化为语言暴力，导致自身承受更大的舆论压力。真正应该得到救助的患者，却被冷落乃至受到连带的指责和伤害，这样的结果无疑是令人痛惜的。

从监管和立法的角度来看，无论是十年前的“卖身救母”，还是如今的“卖文救女”，法律界的看法仍不统一。“罗一笑事件”后，关于罗尔的行为是否属于诈捐，是募捐还是个人救助的问题，依旧是众说纷纭。

由于目前的《慈善法》仅将慈善募捐定义为慈善组织的行为，从严格意义上罗尔这种个人筹集捐款的行为并不在其规制范围内。那么，在如今的形势下，是否有必要对此类行为进行认定和监管？是否应该纳入《慈善法》的管辖范围？这些都是亟待法律界去澄清和解决的。

以发起慈善活动主体的资质角度来看，此次事件也颇有耐人寻味之处。罗尔的行为固然未依靠慈善组织，但真的就是“个人行为”吗？在如今的眼球经济时代，并不是随便一个人发个帖就能引发病毒式扩散，刷爆微信朋友圈的。其间很大程度上，要依靠一定的营销手段，而这往往成为又一个是非牵扯之处。

回望“罗一笑事件”，不难发现“P2P 观察”公号的转发是其分水岭。可这一公号背后的“小铜人”公司及其金融平台的属性，也成为了事件爆发后备受网民诟病之处。“带血营销”的指责，也让“小铜人”公司陷入了舆论风波之中。

对此，人们不禁要问，这样一个金融性质的公号，是否有资格发起慈善募捐，又是否应该这么做？对此，有人也许觉得，这种募捐活动，还是应该交给相关慈善机构。问题是，因为几年前的“郭美美事件”而使自身陷入诚信危机的公共慈善机构，是否已经恢复元气了呢？或者说，是否是因为这些机构本身的公信力丧失，才导致了“罗一笑事件”的发生呢？

在这个立法监管相对滞后，相关慈善机构难孚众望，而互联网力量又一日千里的时代，身为普通网民，对诸如“罗一笑事件”的当面而来，又该如何应对？是报以冷漠和不屑，将其一律斥为“骗子伎俩”？可这样一来又会错过多少原本真切的求助，扼杀多少脆弱的希望？

也许，从这个事件中，我们最应该学到的教训，还是在面对纷繁复杂的网络时，如何保持清醒并做出独立的判断。在事件发酵过程中，也曾有网友发文指出罗尔文中的各种疑点：文章中没有详细的诊断书和病情描述，也没有谈及具体的诊疗费缺口问题，对家庭经济条件也是含糊遮掩。这些本是募捐求助时理应提供的重要信息，却被许多一腔热情的网民所忽视。

当然，从事后的调查来看，不能说罗尔就是在“诈捐”，但动用一些营销手段，对事实进行些许“包装”，以使其更加煽情，却几乎是可以认定的。不管罗一笑的病情如何严重，这种以品牌营销的手法进行慈善募捐的做法，绝不应该被提倡和认可。这不仅是普通网民的诉求，也应该是有责任感的企业和机构在这个网络时代所应该具备的素养。

在这个网络热点层出不穷，各式营销不断轰炸我们眼球的时代，如何做一个“合格”网民，是我们每个人都需要面对的课题。因为在这个全民上网的时代，网络世界与现实世界的界限早已消弭，没有人可以置身事外。

你今天可能是“罗一笑事件”的旁观者，明天就可能摇身一变成为另一个罗尔这样的事件发起者。对此，我们也不妨换位思考一下，如果需要救助的人是你自己，你又会怎么做呢？相比事件中的罗尔又如何？是否可以比他做得更好呢？又或者，如果你是“小铜人”的负责人，你是否能够善用网络力量而不遭其反噬呢？你当然不希望别人把你当成骗子，那么如何才能将你的诚意表达给网络那一端素不相识的人？尤其当你的言论不仅代表你自己，更代表一个公司的时候，更需谨言慎行。

其实，说到底还是要保持那份清醒，不要被网络的力量冲昏了头脑，不要低估了网络和现实的联系，更不要以为你在网络上的一言一行可以逃脱监管……因此，无论时代如何进步，沟通手段如何发展，我们还是应该遵从“己所不欲，勿施于人”的古训。如果你不想被欺骗，那么向别人求助时就不能只挑好听的说，而有意无意地掩盖一些事实；如果你想得到尊重，那么在应对他人质疑时应该谨言慎行，而不是让误会进一步加深；如果你想要在网络上做一个合格的“网民”，那么在现实中，你也应该是一个合格的父亲、合格的员工、合格的企业管理者，乃至合格的公民。

因此，做一个合格的新时代网民，其实就是做一个合格的“人”。如果你在工作中认真负责，那在网上自不会坑蒙拐骗；如果你在团队中和他人相处融洽，那么在网上自然也可广交朋友；如果你可以将部门或公司运营得井井有条，那在网上也能做个称职的发布者、管理者；如果你在现实中一诺千金，那在网络中何愁不能一呼百应？

提升辨别力，做一个真正有温度的人

2016 年 12 月 24 日早上 6 点，年仅 6 岁的罗一笑永远地离我们而去了。这个稚嫩的生命还未等到自己最美好的年华，便悄然离去，给我们留下的，是无尽唏嘘。许多人把目光都聚集在了其父罗尔闹出的诈捐事件上来，却鲜有人评价，罗尔到底算不算是一位好父亲。

在大众质疑罗尔为什么有经济能力为女儿治病却还募捐时，罗尔给出的答案让人寒心：“房子是留给儿子的！”由此看来，罗尔对儿子偏爱有加，但对罗一笑来说，他这个父亲却远远谈不上“合格”二字。他甚至还有过通过自己的女儿来敛财吸金的想法，尽管最后钱还是悉数退还了，但这样的想法出现在一个父亲的脑海中，实在令人愤怒。最后，罗一笑去世以后，她的父母把她的遗体和器官都捐赠了。这样的捐赠不管出于什么目的，是否经过当事人同意了呢？……这三宗罪，难道不是罗尔这位“父亲”所该领受的吗？

“罗一笑事件”看似得到了妥善的解决，罗尔声称所得捐款悉数退还和捐出，公关工作做得也很完满，但对“网络募捐”这个极富争议的话题的讨论，还没有结束。法律法规的不完善，监管、处罚力度的不到位，都将是“网络诈捐”案件频频现身的纵容者甚至是推动者。

但无论怎样，这个社会都会是有温度的，有感情的，是你中有我，我中有你，而非相互隔绝。也许现实中你会为了摔倒在路上的老太太是否应去扶起而犹豫不决，但在网络上，我们却可以毫无顾忌地“出卖自己廉价的劳动力”，为需要帮助的人转发、分享，也会为他们捐献自己的爱心。因为爱心无关于金钱，爱心是无价的。

但在我们捐献自己的爱心的同时，也不能让不法分子随意变卖我们的爱心，至少我们要做自己爱心的安全卫士，对网络募捐事件的真假，要有一定的识别能力，不能盲目转发、捐献。在做爱心的安全卫士的同时，我们还要守卫道德，不可成为道德的绑架者，因为绑架道德的，往往都是不法分子。

“网络诈捐”事件肯定不会就此消失，也正是这样，才会促使国家从立法到执行的完善。因为我们的政府不会坐视这些事件的一再发生而不作为，而国家的立法和法律的执行力，便是这个社会稳定发展的基石。我们的政府正在积极地努力着，而网络募捐也会逐渐走上正轨，为更多身处困境的人提供帮助。

当你提高了对人与事物的辨别力，就能做一个真正有温度的人。当你不再戴着面具上网，不再将网络视为发泄和逃避的途径，那么你离合格网民的标准便不远矣，离“真正的自我”也更近了一步。

事实上，政府在这方面正在努力着。

2017年6月5日，民政部社会组织管理局就慈善组织互联网公开募捐信息平台《基本技术规范》《基本管理规范》两项行业标准公开征求意见。征求意见稿提出，慈善组织在互联网公开募捐信息平台上公开的募捐信息不应与商业筹款、网络互助、个人求助等其他信息混杂。个人为解决自己或者家庭困难，提出发布求助信息时，平台应做好风险防范提示和责任追溯。

征求意见稿提出，在慈善组织互联网公开募捐信息平台上进行募捐的主体应是获得公开募捐资格的慈善组织。平台应验证慈善组织的登记证书、公开募捐资格证书。平台不得为不具有公开募捐资格的组织、个人及拒不提供公开募捐资格证书的慈善组织，提供公开募捐信息发布服务。

同时，平台应明确告知互联网公开募捐信息平台用户及社会公众，个人求助、网络互助不属于慈善募捐，真实性由信息提供方负责。平台应有序引导个人与具有公开募捐资格的慈善组织对接，并加强审查甄别、设置救助上限、强化信息公开和善款使用反馈。此外，不得在平台公开募捐信息页面中插入商业广告。

这两项行业标准公开征求意见稿的提出具有非常重要的意义，标示着我们的政府已经开始正视这个问题，并试图通过责任追溯的机制来防止诈捐事件的发生。只是政府要走的路还很长，只有付出行动，真正做到有罪必罚、有功必赏，才能从根源上解决这些问题。

建设慈善事业，不仅需要慈善组织自身加强透明度建设，同时也需要法律的正确规制和社会监督体系的构建，只有这样才能促使慈善事业朝着更好的方向发展。也只有这样，才能确保每一份爱心都有一个符合善意的归属。

第六章 舆情当道，不呛人，不强忍

2016年春节期间，一则新闻又一次刷爆微博和微信朋友圈，有网友发帖称自己在哈尔滨某饭店就餐时，遭遇商家宰客，当时点的几种鱼类价格虚高，且乱报斤两，遭遇质疑后，商家甚至仗着人多势众殴打老人，逼迫顾客买单。而当地警方接报后也未按程序执法，只是称“解决不了先拘了”。结果当事人只能息事宁人付钱了事。消息一出，顿时一石激起千层浪，引发大量舆论关注。

尽管此类事件频有发生，但作为消费者的一方往往选择忍气吞声，不再追究，这就助长了无良商家的嚣张气焰。本次事件的曝光，引起了同样是消费者的广大网友的愤怒。网友们纷纷奋起发声，力图为当事人讨回公道。在一片唏嘘声里，我们不免会有些疑问：为何一起看似普通的“宰客事件”会如此牵动国人神经？其背后又折射出怎样的问题？对此，我们还是需要对事件本身先进行一番追根溯源。

抓住要害，在困局中保护好自己

本次事件在网上最早公布于2016年2月12日，一名来自江苏常州的网友"@jack光头"微博发帖称，2月9日其一行人在导游带领下在哈尔滨松北区的"北岸野生渔村"餐厅就餐，知道鱼的单价分别为398元／斤和298元／斤，但结账时发现此前称重10.4斤的鳇鱼，变成了14.4斤，同时另外两种鱼也被乱写斤两，两桌饭共花了10302元。

当事人陈某表示，结账时发现店家乱写鱼的斤两，几位老人便与店家理论，突然店里冲出十几人逼他们付账，还殴打老人，他们一行20人因此和店家发生冲突。随后他选择报警。然而，让他失望的是，当地警方的介入并没有解决问题。据陈先生表示，警察执法不符合程序，处理事件时口叼香烟，并称"解决不了先拘了"。陈先生还谈道，民警建议双方协商解决，"大过年的不想去所里，最后只好全额照付买个安稳"。

消息发到网上，自然引发网友对这一饭店的声讨。不料几天后，涉事饭店"北岸野生渔村"开口说话，称陈某所说的情况并不属实。在鱼的斤两上，饭店坚称没有问题，在点菜单上有客人的签字确认。并称这批游客不但酒后赖账，还动手打人。而饭店老板为了息事宁人，还给他们打折了。至于他们所点的"鳇鱼"价格，店家认为自己明码标价，并无欺诈行为。

之后，哈尔滨市松北区市场监督管理局成立的调查组在其对此事件进行的调查结果中也强调店家“明码标价”，并称“鳇鱼价格属于经营者自主制定的市场调节价，不在政府指导价和政府定价范畴之内”。至此事件经历第一次反转，网络舆论从谴责“无良商家”转向谴责“消费者无理取闹”。

不过事件仍未就此完结。2016 年 2 月 15 日晚，官方调查通报公布后，陈某接受采访，要求“讨一个公道”。他称哈尔滨市松北区专项调查小组出具的调查情况“漏洞百出”：既未说一行人是被导游带去消费，也对出警人员的一些不文明执法行为遮遮掩掩。而就在调查通报公布半小时后，《新京报》爆出：在江苏游客与“渔村”发声争执的同一时间、同一渔村，其实还有一名浙江游客所在的旅游团消费了 15735 元，其中出现了一道“新菜”——“鳇鱼头铁锅炖”，票据显示鳇鱼头单价为 498 元／斤，总价为 7918 元。

陈某认为这与饭店坚持的 398 元／斤最高价本身就是冲突，表明饭店所谓明码标价并不成立。而且，“明码标价是在认同这个（鱼）是野生的基础上，但是之后看了相关报道感觉受骗了。野生的都是限量捕捞，是国际濒危保护动物，必须有相应的证明和捕捞记录，所以希望店家可以出示相关的文件，不然这个涉及以次充好，欺诈消费者。”

随后事件再次迎来反转，之前声称客人已“签字确认”价格的店家，终于顶不住压力，承认是店中服务员为“免责”而代签了姓名。涉事饭店“北岸野生渔村”也被曝出违规。据记者调查，涉事饭店的《餐饮服务许可证》已经过期。

面对再次涌来的舆论质疑，哈尔滨市松北区市场监督管理局一工作人员表示，2016年2月15日公布的涉事饭店“明码标价不违规”的结论只是初步调查结果，由于此前未能联系上当事人陈某，只是向饭店单方取证，调查组还在对涉事饭店进行调查。最后，调查组经进一步深入调查，认定这是一起严重侵害消费者权益的恶劣事件。

调查小组通过本次调查，已经确认了以下事实：

1.“北岸野生渔村”把人工养殖鳇鱼当野生鳇鱼售卖，欺诈消费者；

2.《餐饮服务许可证》到期未按时申请延续，无证经营；

3.证照与牌匾名称不符，不以真实名称提供服务；

4.点菜单上签字系饭店服务员所签；

5.双方发生过肢体冲突，陈某被打情况属实；

6.民警张某某出警存在不规范、不文明执法行为。

2016年2月21日清晨，哈尔滨官方对外发布消息，认定松北区“天价鱼事件”是一起严重侵害消费者权益的恶劣事件，做出对涉事饭店“北岸野生渔村”吊销营业执照，对店主罚款50万元人民币等处罚决定。同时，哈尔滨市松北区政府已对松北区市场监督管理局、松北区城市管理局、松北公安分局太阳岛派出所负责人和相关工作人员启动问责程序，将按有关规定和程序做出严肃处理。至此，一起沸沸扬扬的“天价鱼事件”，总算尘埃落定。

在这一次事件中，舆论之所以没有随着事情的一次次反转发生大的波动，想必是因为当事人陈某的遭遇戳中了广大群众的痛点。同样作为消费者的网友们，大概也曾经有过“感同身受”的经历。出去旅游被导游诱导带去黑店“宰”，因为一点儿口舌之争被当地人辱骂欺凌，各种形式的强买强卖现象屡见不鲜。而大多数游客，都会因为自己是在“别人的地盘”而选择忍气吞声，敢怒不敢言。在旅游市场不规范的大环境下，游客们已经受够了“人为刀俎，我为鱼肉”的潜规则，此次事件恰好是一个导火索，激发了人们心中压抑许久的怒火。

尽管事后有关部门顶不住舆论的压力，对此事进行了妥善处理，可这样“亡羊补牢”式的，哪里出现问题才想到治理哪里的行为，最后也只能是事后诸葛亮。毕竟，此类旅游纠纷事件，并不仅仅是个案。

这桩看似简单的“宰客事件”，其实背后隐藏着的却是一种地方保护现象。近年来，游客在旅游过程中被欺压的事件层出不穷，除了诸如此类的“天价事件”，还有游客在旅行当地被打的情况。归根结底是因为“外地人”和“本地人”身份的悬殊，强龙难压地头蛇。游客从一个熟悉的环境进入一个陌生的环境，从“自我”的场域进入了“他者”的场域，原本就会有些不适应，只能跟着导游的脚步走。而作为“当地人”的一些商家，恰恰就利用了游客初来乍到时无所适从的心理，趁机捞一笔油水。就算出了事，当地执法部门也只会“和稀泥”，睁一只眼闭一只眼，企图大事化小，小事化无。即便是他们清楚责任在谁，也往往采取模棱两可的态度，不会为游客方讨一个公道。因为他们知道，得罪一个“本地人”的成本要比怠慢一个“外地人”的代价高得多。

透明化，保持道德操守才能更专业

其实，哈尔滨“天价鱼”事发之时，距此前发生的“青岛天价大虾事件”还不到半年。当时，有网友爆料称，在青岛市某海鲜排档吃饭时遇到宰客行为，“点菜时就问清楚是38元一份的大虾，结账时居然告诉我们38元一只”。结果一盘虾吃掉一千五百多元。而涉事饭店也辩称自己明码标价。据该饭店价目单显示，“海捕大虾38元”一项旁边没有标明计价单位是“一个”还是“一份”，但在价目单的最下方不显眼处，有“以上海鲜单个计价”的说明。该事件经过社交媒体的病毒式传播，引发全民大讨论，虽然最终店主被罚9万元，但是山东青岛的形象已经被毁。网上段子手更是演绎出无数新段子，用各种手段调侃青岛，调侃吃海鲜。

而到了2017年初，又一起旅游纠纷事件引发热议，这次“中枪”的是云南丽江。1月24日晚，一位网友发微博称，2016年11月11日凌晨，她在云南丽江一家烧烤店吃饭时，因与同在该店就餐的当地男子发生口角，遭十余名陌生男子殴打半个小时，施暴者不仅拿走了被害人的手机钱包等物，还拿碎酒瓶划伤她的脸部，并在拍摄视频威胁后扬长而去。而事后当地警方的处理方式却是拖延怠慢，迟迟不对受害者进行伤情鉴定，甚至在官方微博上发文指责受害女游客“放荡”，引发舆论哗然，也把早就备受争议的丽江旅游行业推上了风口浪尖。

从“天价虾”到“天价鱼”再到“女游客被毁容”，旅游纠纷事件为何频频引发舆论关注？其实原因也并不复杂。

首先，国内旅游行业迅速发展的大环境为此类事件的发生提供了土壤。随着居民生活水平的提高，各地旅游市场的升温已是普遍现象，大众旅游时代已经到来。

据相关统计，2016 年上半年，中国旅游市场继续延续高景气度。其中，入境旅游方面，外国人入境游情况持续改善，旅游人次同比增长 10.9%；国内旅游市场发展稳健，各主要旅游省市累计接待游客同比均有 10% 以上增速，个别旅游城市表现突出。1–5 月，北京旅游区共接待旅游人次 11839.7 万，同比增长 5.3%；累计获得旅游收入 26.96 亿元，同比增长 8.6%。而上海旅游局统计显示，截至 2016 年 4 月，上海市旅行社国内旅游组团人数累计同比增长 37.27%，旅行社接待国内旅游人数累计同比增长达 18.61%。

相较一线城市，旅游城市接待游客人次以及获得旅游收入同比增幅更为明显。2016 年 1–5 月，黄山市游客接待量同比增长 11.4%，其中入境游客累计同比增长 10.5%；1–4 月，桂林市累计接待游客 441.77 万人次，累计同比增长 36.5%，旅游总消费达 50.06 亿元，累计同比增长 38.0%；1–4 月，昆明市累计接待旅游者人次 2287.62 万，累计同比增长 11.0%，获得旅游收入累计同比增长12.9%；1—4月，张家界市景点接待旅游人次1320.12万，同比增长40.9%，外汇收入同比增长43.0%。从上述数据看，我国国内旅游情况仍然十分乐观。

然而，行业的快速增长也伴随着旅游纠纷的频繁发生。2016年，在国家旅游局牵头多部门进行的专项整治中，全年共查处违法违规案件1324起，行政处罚819家旅行社，行政案件罚款1324万元，查处的案件和罚款的数额是史上最多的；集中对外公布两批5923家公开承诺诚信经营旅行社名单，也创造了史上之最。

这充分暴露了旅游市场快速发展乐观表象下的弊端。对此《人民日报》评论道："从近年来屡屡出现的旅游纠纷可以看出，游客对旅游目的地的服务业层次、执法水平乃至当地人的文明程度，都释放出了强烈需求。"而与此相对，一些地方的整体发展水平和全面管理能力却与其着力打造的旅游形象相脱节，从而造成了纠纷频发的乱象。

另一方面，如今的互联网传播渠道对类似事件的发酵起到了巨大的推波助澜作用。旅游纠纷事件，更因其易于引发网民共鸣而尤其容易引起自我代入，产生移情和共情心理。"天价虾""天价鱼"虽是个例，但我们自己又何尝没有被宰的经历呢？感同身受之余，自然会进行转发和评论，为舆论热度"添砖加瓦"。

而面对网络舆情的高涨，相关部门的认识和应对手段明显不足，遇事不作为，对公众质疑的回应避重就轻，缺乏有效网络公关手段。如此一来，难免给人留下“警方处理不公、包庇当地商家乃至纵容当地人”的印象，给本已火热的事件再度火上浇油。

在“天价鱼事件”及之前的“天价虾事件”中，涉事餐厅事后均辩称自己“明码标价”，言下之意自己并无欺诈行为，不过是正常交易而已，是客户自己反悔赖账。相关部门人士也称：“即便是几十块钱的鱼被炒到了几百块钱，只要明码标价，我们也管不了。我们能管的只能是按照法律要求店里明码标价，消费者看到价格接受了，一个愿打一个愿挨也没办法。”

然而，“明码标价”是否就代表没有欺诈呢？显然并非如此。一些“黑店”最为擅长的就是事先讲得含糊，事后放出高价。青岛“天价大虾”38 元按只卖，玩弄的就是这种伎俩。何况就算明码标价，也一样有宣传误导和短斤缺两的问题。

有记者曾采访哈尔滨当地其他普通餐馆，均被告知，陈先生点的鱼并不稀有，餐馆中的销售价每斤大都在八十元到一百元。但陈先生所消费的餐厅，竟然每斤要价 398 元，是一般价的 4 倍左右。这个价格本身已经违背了《消费者权益保护法》所明确的“合理价格”。也有律师指出，应先明确鳇鱼是否属于国家重点保护的野生动物的范畴，如果是一、二级野生保护动物，贩卖需要追究相关刑事责任。

如果所售的鱼按照涉事商家声称的为“野生鳇鱼”，在销售过程中售卖纯正野生鱼类，可能触犯刑法。而若售卖的鳇鱼不是野生鱼，店家冒充野生鱼高价售卖，则涉及违反消费者权益保护法，构成消费欺诈，故意造成消费者误判的，按《消费者权益保护法》规定，商家应按照 4 倍消费价格返还消费者。

“天价鱼事件”中，另一个值得注意的便是“带路党”问题。前往涉事饭店在国内著名美食点评网上的页面，会发现不少食客都在评论中称，自己是被当地出租车司机介绍到餐厅的。有网友吐槽称，一下飞机就被拉到了这里。还有食客称，有司机反映只要介绍客人进店将会得到一定提成，通常有几百元。

一名哈尔滨人对记者称，自己曾经做过导游，往上述渔村带人会有 60% 左右的提成。该记者还了解到大部分游客得知涉事饭店均是通过当地承接旅行社导游、司机以及出租车和一些黑车司机推荐。可以想见，当事人作为外地游客，在夜间 9 点被带到人生地不熟的饭店，实在很难获得合理的消费知情权和选择权。这种围绕饭店所形成的利益链条，如不斩断，消费者的合法权益又如何得到保障呢？

至于双方发生纠纷后，店家不惜使用暴力、威胁手段逼消费者就范的强买强卖行为，更是严重损害消费者的人身权利，涉嫌治安管理违法，甚至可能涉嫌强迫交易罪。联想到“天价大虾门”中的老板也是手持大棍威胁顾客不付钱就给他们好看的做法，可见称之为“黑店”实在是一点不冤。

避重就轻是毁掉招牌的“捷径”

其实，在这些层出不穷的旅游纠纷事件中，当事人受到欺诈和不公待遇固然值得同情，但也不至于引起这种程度的关注。真正令网民感到愤怒乃至寒心的，是事发后当地警方及相关部门对作恶者的包庇和纵容，是他们的冷漠和不作为态度。

“天价鱼事件”中，警方到场后不仅执法行为不规范、不文明，还一味“和稀泥”，甚至要“拘人”，以此威逼消费者付账了事。在青岛“天价虾事件”中，也存在类似现象。受害者选择报警，民警来了之后却说这属于价格纠纷，110管不了，建议找物价局。打电话给物价局，值班人员又说太晚了，还是放假期间，建议找110协调。双方把皮球踢来踢去，就是不解决实际问题。最后协调的结果，还是“让先把钱付了”。

至于“丽江毁容事件”中，行凶者更是叫嚣自己是当地人不怕警察。而事后警方迟迟不给受害者做伤情鉴定的做法，也让人怀疑他们是不是在拖延时间避免刑事立案。在事后的公众通报中，也是避重就轻，解释不到位。受害者说的是不是事实，抢手机钱包算不算抢劫，打人者是不是寻衅滋事罪，被控制的涉案者采用何种控制措施，参与殴打的十二三人是否全都被控制，是否都能受到应有的制裁……这些最能缓解公众焦虑，也是警方可以回答的问题，通报中通通没有回答。案情如此简单，可时间过了几个月，这些问题仍然没有一个清晰的答案。这种情况下，警方办案的诚意和能力受到质疑，也在情理之中。

正如一些评论所指出的，出了欺诈并不可怕，可怕的是出了欺诈却没人管。本应介入的相关部门却保持“消极中立”态度，袖手旁观，甚至还“拉偏架”。这种明目张胆的“护短”行为，其实意味着地方保护主义的抬头。商家和游客之间出现了冲突，当地执法部门只会站在自己一方的立场上考虑，相互推诿，而不会为消费者解决实际问题。这样做的后果只会让无良商家、不法分子有机可乘，想当然地认为自己有了靠山，进而变本加厉地欺压消费者，其下场必定是毁了自己苦苦经营的旅游招牌。

监管部门或许是想要维护城市的旅游形象，不愿看到当地旅游产业因为此事受到牵连，所以只能让处于“劣势”地位的消费者妥协让步。哪知道经历过一次次“天价事件”教训的消费者群体，并不是那么容易买账的。在屡次被欺瞒压榨之后，他们渐渐懂得要利用法律手段，维护自己的合法权益。有关部门自以为稳妥的“护短”行为，其结果只能是引起民愤，将丑闻无限放大。试想一下，如果一次次侵害消费者的权益，使其产生一种不安全感，不再来本地旅游，那么即便维护了城市的“面子”，这个城市也终将成为一座无人问津的空城。

有一句老话说得好，“不能因为一颗老鼠屎，坏了一锅好粥”。闹得满城风雨的“天价鱼事件”，侵害的不止是消费者的合法权益，还使得哈尔滨的城市形象严重受损。对于这样的恶性事件，有关部门如果不表明立场，加以规范和惩治的话，只会使类似的事件愈演愈烈。昨天的“天价虾”，今天的“天价鱼”，明天还可能出现“天价螃蟹”。本次事件暴露的问题，绝不是简单的“黑店”欺客，更要引起我们注意的，是有关部门监管不力、执法不规范的问题。一桩“天价鱼事件”，已经使得哈尔滨的旅游品牌元气大伤。因此，更应该以此为鉴，切实加强对餐饮等消费市场的管理，对损害消费者权益的行为绝不姑息，为消费者营造一个良好的消费环境，同时也是在无形中树立起了城市形象和声誉。

更何况，在如今的网络时代，人们发声的渠道更多。有时候一条戳中要害的微博、微信朋友圈，都可能激起舆论的千层浪，引发网友的激烈讨论。投诉无门的情况下，还有“网络爆料”这条路可以走。在如今的社会生活中，网络舆情的监督，渐渐走入大众的视野中。如果官方不能对事件迅速处置，一锤定音，公众便习惯于从其他只言片语或是自己的一些经历中去寻找答案，使得相关事件迅速升级发酵。

网友围观吐槽“天价鱼”，根源在于大家对旅游时经常遭遇的“宰客”等现象的深恶痛绝，甚至是对一些地方及相关部门市场监管能力的不信任。此起彼伏的“天价事件”，损害的不仅是消费者的利益，更是本就脆弱的政府公信力，砸的是地方政府辛辛苦苦打造出来的旅游品牌和声誉。正如一位网友评论的那样：一只大虾毁了青岛这座城，更毁了山东省旅游系统数亿元砸出来的“好客山东”品牌。

永远注意那些被忽视的地方

除了青岛的“天价虾”、哈尔滨的“天价鱼”之外，近些年来，在全国各地出现的“天价事件”，亦是屡屡刷新我们的眼球。

南京天价马，骑1秒收1块：2016年3月13日《扬子晚报》报道，南京市消费者协会秘书长许明说他自己就曾经看到过“天价马”。有一次在一个景区游玩，旁边放着一块牌子，上书“骑马1元”，有游客觉得便宜就上马骑了几分钟，结果被收了好几百元，因为这马居然是按秒来收费的。他还说眼下一些商家的口头禅是“有本事你告我去”。

天价洗脸，一滴精油298元：《南方都市报》报道，多名消费者反映，在广州多家美容院享受服务时，服务员会说你脸上排出许多黑色毒素，用精油清洗方能无忧，结账时发现精油售价298元/滴，洗次脸花掉四五千元。

北京“天价学区房”，单价46万元/平方米：11.4平方米共530万元，这间“天价学区房”位于北京西城区文昌胡同的深处一个杂草丛生的院子里。神秘的买房者以相当于20千克黄金的价格，买下了这间仅能放下一张床的屋子，只为了孩子能就读北京实验二小。

抗癌天价药，有钱你也配不到：“格列卫”是一种对恶性胃肠道间质瘤、慢粒白血病非常有效的分子靶向药，一盒120粒能吃一个月，但在一些医院要价2.4万元。2016年至今，包括“格列卫”在内的多种抗肿瘤进口药被多地纳入医保范围，然而药进了目录，却依旧难在医院配到。

洗头被忽悠，被坑2.3万元：杭州姑娘小朱走进一家美容美发店，本来只想洗头，没想到店内工作人员开始介绍起点痣项目，点一颗痣要140块钱，再加上修眉和护肤品，一来二去不到半小时的工夫就花了2.3万元，让小朱顿时就傻眼了。小朱看了看拿到的护肤品，一瓶用于点痣后修复的产品，要价2800多元，一小支修眉后的修复产品，要价700多元，而两样产品在网上的价格都不贵，和店里的售价差了十几倍。

出门旅游都是坑，云南景区陷阱尤其多：除了因为地理限制，没有"天价海鲜"事件，云南几乎发生过国内所有的旅游市场典型乱象。这几年，最频发、最常被人吐槽的有丽江茶马古道和什刹海强迫骑马、西双版纳温柔陷阱、大理"老乡欺老乡"等事件。而寺庙游中，骗人的功德箱、算命的和尚、道士都被网友列入重点吐槽对象。

携程卖假票，退票遇天价：2016年1月9日，一位叫"付先生"的网友在网络上发文，投诉携程销售"假机票"，导致自己在日本机场遭调查3小时。航空公司告诉他，他买到的，是一张涉嫌转卖积分的机票，航空公司认定此票无效。此事经央视报道后，在社会上引起轩然大波。除了卖假票，携程的退票机制也十分离谱。有网友发帖称，自己在携程上订了由成都到拉萨的机票，因计划有变想取消机票，发现竟然收取机票价格的90%作为手续费。早前也有报道，某女子在携程买特价机票遭天价改签，需补交1.7万元。

除了这些，"天价事件"还有很多很多。而这些事件，正是由于媒体的曝光，才走入我们的视野，才被政府知道，才得到解决。这不禁令人疑惑，难道旅游行业在监管上就真的不能落实到位吗？就真的不能做到防患于未然吗？倒显得是舆论“逼迫”着政府去解决这些问题。我们不得不承认，舆论的确在许多事件上起着积极的作用，但我们的政府有关部门也应当把监管落到实处，把问责机制落实到人，做到有罪必罚，有功必赏，才能从根本上解决这些问题。

“天价鱼事件”已经落幕，但可以肯定的是这并不意味着类似现象就此绝迹。那么我们能从中吸取什么样的经验教训？要想彻底地净化旅游市场，减少或避免旅游中类似事件的发生，不能仅仅依靠单方面的努力，而是需要多方的配合。

首先，消费者要提高敏锐性，要有维权意识。进餐馆吃饭前，可以先在美食点评网站上了解店铺的大致信誉度；点菜后，则务必要在上菜时仔细对比点菜单，瞧瞧名目、数量以及实际所上菜品是否无误；点杀鲜活动物的，最好验验秤，看着秤，对单确认，不要过于相信店家热情的笑脸，以免店家偷偷耍滑头；结账时，应确认小票是否有误，并保存下来，方便事后维权。以上这些都算是老生常谈，而更重要的是提高自己的维权意识，要敢于维护自己的合法权益而不是忍气吞声。

“天价鱼事件”之所以街知巷闻，就是因为陈先生利用网络把他的遭遇分享给了大家，把这件事暴露在了光天化日之下。可以想见，陈先生如若忍气吞声，这事恐怕也就简单过去了。利用互联网的力量进行维权，一方面有助于自己最终得到公正的说法，另一方面也有助于社会对此进行反思，进而提出应对之策。这是我们应该向陈先生学习的地方。

其次，有关监管部门和执法机构要在其位谋其职，树立起威信，遵守法律法规，切实保证消费者合法权益。有监管部门内部人员曾在接受采访时提及此类事件并不容易处理，警方并无处理价格纠纷的权力，所以只能加以调解。这在一定程度上是事实，但不能成为不作为的理由。在类似情况下，如果警方不能主动介入，保护受侵害的消费者的权益，而是以无此权限、证据不足等理由搪塞敷衍，直到被媒体曝光才应付一二，那又要你何用？正如事后媒体评论所说，若当地能及早察觉涉事店家拿“野生”噱头欺诈的行为，接警后在现场妥善处置纠纷，或在专项调查阶段能更审慎、避免偏听偏信，哪至于像现在这样深陷舆论泥沼？可以说，有关部门的应对失策暴露的是部分机构和人员对互联网舆论的新形势缺乏必要的认识和重视，“朝南坐”心态仍存的现状。

最后，适当利用网络舆情进行监督。互联网固然为监管工作带来不少新挑战，但也未尝没有机遇在其中。“天价鱼事件”后，各部门展开联合整治，确实能够在一段时间内遏制业内歪风邪气，但真正的治理还需加强日常动态化监管。如果能够利用互联网，借助大数据等手段，对投诉较密集的店家、行业重点布控，做到防患于未然，而不是事发以后再去仓促补救，又如何会有“天价事件”的屡屡曝光？

看来，要真正杜绝“天价鱼”，监管者还有很多工作要做。

诚信：不容挑战的底线

诚信，在市场经济环境下，是不容挑战的底线。诚信的维护，需要各方各面一齐努力，而非单边一味坚守，乃至退让，另一边却毫无廉耻地为所欲为，欲求不满，肆意横行。

古语有云："人无信不立，业无信不兴。"讲的就是诚信在安身立命中的重要意义。自古以来，凡成大事者必定诚信待人。诚信是中华民族的传统美德，也是保证市场经济正常运行的基本准则。对于一座城市而言，诚信就像是它的招牌和门面，良好的市场经营秩序不仅是促进城市和谐发展的基础，也是展示城市文明形象的窗口。

频发的"天价事件"，惹得人心惶惶，不仅仅毁了一座城市在人们心中的形象和口碑，更是让消费者失去了对商家的信任。正所谓"一朝被蛇咬，十年怕井绳"，消费者经历过一次欺瞒压榨之后，就会吃一堑长一智，再次消费的时候，往往会再三考量。出于自我保护的角度，消费者对商家多了更多的警惕，始终带着不信任的心态去看待每一个商家，这样使合法经营的商家也屡屡受挫。可想而知，不诚信守法经营，给自己乃至一个行业带来的损失，是不能简单地用金钱衡量的。

同时，这样的事件对有关职能部门的公信力也是一种侵蚀。以前消费者权益受到侵犯时，会第一时间想到依靠法律手段维护自己的合法权益，可有关部门的不作为和模棱两可的态度，已经让越来越多的人对此失去了信心。更多的人将希望寄托在了网络舆情上，希望依靠大众的力量为自己讨一个说法。

好在这是一个舆情当道的时代，正所谓“公道自在人心”，群众的力量不可小觑。寻求当地有关部门调解无果的情况下，当事人陈先生选择了将此事公布在网络上，在热心群众义愤填膺的声讨中，事情最终获得了妥善的处理。

在移动互联网时代，随着微博、微信等社交网络的不断普及，消息传播的速度已经达到了前所未有的地步。所以，当投诉无门的时候，记得手中还有网络舆情这支“金话筒”。即便是在陌生的环境，只要有网络有手机，游客的博弈能力便可大幅增强。因此，遇到不公正待遇时，除了寻求法律的帮助之外，网络求助也不失为一个行之有效的办法。

网络是个相对比较开放的环境，网友来自五湖四海，没有远近亲疏，更没有利益的牵扯。撇去一些三观不正的“键盘侠”，智商无下限的“吃瓜群众”，大多数网友还是比较理智的，而且他们愿意站在正义的一方。在网络这个开放的舆论场上，“本地人”这一因素不仅不能加分，反而会因为有得到偏袒的可能性而更容易受到质疑。有时候，寻求网络舆情的帮助，往往能得到意想不到的效果。

影响一座城市形象的不是高得离谱的价格，也不是当地商家的仗势欺人，而是消费者被欺压却投诉无门，无法得到一个公平公正的处理。毕竟在这件事情上，有关部门的态度，才是引发民愤的导火索。

为了避免此类事件的发生，需要营业者的自律以及有关部门的监管。商家在从事市场经营活动时，要做到严于律己，诚实守信，自觉遵守市场规则。而作为监管者的职能部门，更应该承担起相应的责任，早发现早治理，不容忍不姑息，坚决打击违法行为。只有通过各方的努力，才能营造良好的旅游市场环境，共建文明城市。

第七章

一品一事：在信息爆炸时代学会进与退

2017年1月24日，一则消息在微博和微信朋友圈迅速刷屏，网友“琳哒是我”在微博发帖称：2016年11月11日凌晨，自己在云南丽江一家烧烤店吃饭时，遭到十余名陌生男子长达半个小时的殴打，施暴者还拿碎酒瓶划伤她的脸部，并在拍摄视频威胁其不得报警后扬长而去。

从她所发布的受伤前后的照片来看，简直判若两人，不禁让人立即联想起“毁容”这个词。遭受这种残忍暴行后，最让她感到气愤和寒心的是，当地警方并未逮捕全部疑犯，不但不给她做伤情鉴定，还不说明调查的进展情况。当事人多方维权无果，出于无奈，选择将此事于案发两个月后曝光于网络，期以舆论力量为自己讨回公正、要个说法。

在信息爆炸的时代，相信人们早已见识过互联网的厉害，尤其近几年来崛起的新兴社交网络与自媒体，有本事将某条他们认为有传播价值的新闻、资讯帖子等，以“病毒式传播”的速度扩散出去，从“丽江女游客事件”上，便可略窥一斑。什么“旅游景点被打”“美女毁容”“警方不作为”等夺人眼球的标签，在同一时间点上被聚集在同一事件上，被大量地推送、转发、热评，想不火都难！随着事件在网上持续发酵，古城丽江和当地警方也被推到了舆论的风口浪尖之上。

在游客被打事件曝光后，人们除了关心女游客健康情况，更加关注警方处理结果，同时也产生了各种各样的疑问。

针对女游客：她当时到底卷入怎样的争端中？为何惨遭陌生人殴打？

针对打人者：他们与女游客因何起纷争？在殴打女游客时，他们抱着怎样的心理？他们是否经常殴打游客？

针对当地警方：他们为何不逮捕嫌犯？为何不做伤情鉴定？他们的执法究竟有何问题？

针对事件本身：今后丽江还是人们心目中那个旅游胜地吗？该事件除了引发网络热议之外，还引发了人们对哪些问题的思考？

人性的特点就是这样，心中一旦有了疑问，总有弄清来龙去脉的欲望。而不冤枉任何人，也不包庇任何人，为受害者讨回公道，让施暴者得到应有惩罚，则是人类共有的道德观念。在这场恶性伤人事件中，打人者固然应该受到应有的惩罚，不作为或者执法不公的警方，也应该接受相关部门的调查和大众的监督。

我们一直以来倡导的都是依法治国，可是现在，一个女游客，在旅游地莫名其妙被殴打致毁容，事后调查发现，原来受害者还不止她一人。

更让人寒心的是，当地警方的不作为甚至是包庇行为，让犯罪分子逍遥法外，甚为猖獗。受害者蒙冤受屈，施暴者气焰嚣张，执法者明目张胆地包庇纵容，这样的情况，怎么让我们相信法律的威严？又何谈依法治国？所以应该看到，丽江女游客毁容事件背后，是我们建设法治社会所面临的种种难题，而我们更应以此为契机，深入研究怎样才能更好地践行依法治国的基本国策。

信息交互，每一个错误都将是致命的

在全国上下热切的关注下，丽江女游客被打事件的来龙去脉，像抽丝剥茧一样，清晰地呈现在人们眼前：被害人“琳哒是我”去丽江旅游时，结识几个同住客栈的游客以及客栈老板。当天凌晨两点左右，他们一行人在客栈老板的带领下，来到古城外一家烧烤店吃饭。期间，他们遭遇另一拨客人的侮辱。起因是另一拨客人故意模仿她的东北口音，让她十分不快，反问对方“学我说话有意思吗？”随后便遭对方一行十几个人的群殴围攻，她及朋友们均被扯到烧烤店外殴打长达半小时之久，她的脸部更是遭到破碎啤酒瓶的锋刃划破，对方还是不肯罢休，强行拍下视频，威胁她们不得报警，同时抢走他们的手机和钱包，才大摇大摆地扬长而去，随后他们报警。

就事件经过而言，这当属一起寻衅滋事、故意伤害和抢劫案件，只是发生在丽江这样的旅游胜地，让它变得更为敏感。但警方如果按照正常办案程序处理此案，应不会引起受害者如此巨大反响。女游客后续的网络曝光行为，是在事件过去近两个月的时间才开始的，说明女游客并非得理不饶人，而且当初并没有将事件扩大化的想法。后来为何选择网络曝光，其实问题就在于当地警方的做法，实在令她感到费解与不满。

第一，在她的印象中，对她进行殴打的人有十来个，但警方锁定的嫌犯仅有 6 人；

第二，她的伤很重，警方却只对嫌犯进行控制，未采取拘留逮捕等强制措施，并声称原因是她尚未进行伤情鉴定，无法作为刑事案件立案；

第三，尽管她再三要求，警方却迟迟不给她做伤情鉴定。

正是以上这些原因，她觉得警方存在包庇嫌犯、拖延办案的嫌疑，她曾多次找当地执法部门进行维权，但警方一直未提出有建设性的妥善处理方案。她无奈之下，才将事件经过发至网络，试图借助网络和舆论力量，为自己讨个公道。如其所料，热心网民发出对执法机关不作为的声讨，并且迅速引爆舆论，一时间席卷大江南北。

除了事发当地的警方承受巨大舆论压力之外，这座被很多人向往的旅游胜地——优美的丽江古城，也随着被打事件的曝光被抹上了一道不光彩的印记。甚至一系列关于丽江旅游的负面新闻，也搭着舆论的便车，重新回到人们视线里。原来这次女游客被打，并非丽江古城第一次出事，之前还发生过很多起恶性事件，只不过没有引起如此大规模的关注。

比如演员张若昀被曝与父亲于2011年在丽江被围殴至脸部变形；石家庄小伙2015年在丽江遭到抢劫暴打，面部被砍成骨裂；2017年2月4日，游客赵某在丽江一餐厅催饭被店方辱骂，报警后再遭店员暴打，尾随。

一时间有关云南丽江旅游的负面新闻都被挖了出来，导致其地域形象严重受损。甚至已经有人开始在网上号召抵制丽江旅游。可以说，不管本案的最后结果如何，丽江与当地执法部门的形象已跌到谷底，遭受的损失很难在一段时间内彻底挽回。

为何一起本来并不复杂的案件，会闹到如此复杂的地步？

依我看来，真正的原因还是当地执法部门在案件办理、事后沟通以及舆情管理方面，犯下诸多错误，其本质是对“依法治国”理念的贯彻不足，以致自己在舆论面前连连失分。作为执法部门，存在的意义就是维持社会秩序，维护人民群众的利益，推动和谐社会的发展。倘若执法部门玩忽职守，不但不维护当地治安，反倒是自己充当了“地头蛇”，那么很快就会失去人们的信任，早晚有一天，他们将会亲口尝到自己种下的苦果，后悔也来不及。

作为一座以旅游业为主要经济产业的城市，丽江对于游客安全的重视程度实在不够。某些当地人的素质低下尚且不谈，警方和政府在案件发生之后，虚与委蛇，办事拖沓，对嫌犯纵容，对被害人不上心，这种种行为，都在告诉我们当地有关部门的法治意识有多么差，办事效率有多么低，玩忽职守尸位素餐、干部为官为私相互勾结的情况多么严重。

一个旅游城市，执法机构办事不力到如此地步，又怎能不让人痛心疾首？丽江女游客被打事件只不过是一个引子，一个简单的案子闹到如此地步的根本原因，在于丽江当地的执法体系存在严重问题。

距离恶性伤人事件已经过去很长时间，当地执法部门不但不采取积极有效的应对方案，还存在包庇、隐瞒案情的恶劣行为，给国家执法部门抹黑。事件发展到覆水难收时，当地有关部门仍然没有在第一时间及时妥善处理，才遭到人们更加强烈的谴责。我们延展事件，是为更多游人的安全呐喊，呼吁执法透明化，不要因为一个错误，引发多米诺骨牌效应。

丽江当地经济发展的支柱产业正是旅游业，它属于服务业范畴。众所周知，只有服务贴心到位，让客人觉得舒适满意，才会有更多的回头客，才能带来更多的经济效益，带动周边产业链的繁荣。此次恶性事件对丽江当地的旅游业、警方执法形象以及经济发展，都可以说是一记重创。

有人出去旅行，是想在休闲中感悟人生意义，有人外出旅游，图的就是开心和放松。以如此恶劣的态度对待游客，即便自然风光、特色风俗多么有吸引力，都无法使游客安心游玩，试问谁敢选择这种骇人听闻事件频发的地方去旅游？恐怕自己不敢去，还会告诫身边亲朋：珍惜生命，远离这种地方。

以往的“五一”假期，丽江都会迎来大批游客，而2017年的“五一”却显得异常冷清。当地政府似乎意识到严重性，立即成立专案小组彻查事件，同时加强当地社会治安工作，还定期通过官方微博向社会大众汇报工作进展，可是买账的人并不多。目测，丽江重新赢得游客信任，还有不短的一段路要走。

网络舆情，必须小心你的一言一行

对于丽江警方到底是否包庇犯罪嫌疑人的问题，暂且存而不论，而只看办案过程，也可以找出不少问题。

首先，警方的失措在于释法工作不到位，对受害者的知情权缺乏尊重。受害者并未在案发时立刻将情形传到网上，说明她当时并没有质疑警方的办案方法。然而随着时间推移，警方的一些做法却令她越来越困惑。既不通告被害人相关案情，导致后者对案件调查进展不知情，又屡次拒绝被害人伤情鉴定的要求。这就难免令被害人逐步对警方失去信任，转而寻求舆论支持。

这其中，“伤情鉴定”作为给案件定性的关键因素，也成为关注重点。为何警方迟迟不给被害人做伤情鉴定呢？根据事后采访相关负责人的情况，其依据是公安部发布的人体损伤程度鉴定标准，以容貌损害或者组织器官功能障碍为主要鉴定依据的，在损伤90日后进行鉴定。如此说来，此举也算“有法可依”。先不说其合理性，问题是被害者对此知情吗？如果警方在事发后，能在法律允许范围内满足当事人知情权，回应其不解之处，做好释法安抚工作，是不是就不会有之后让自己难堪的“网曝”呢？

由此可见，案件处理，并不仅仅是调查和刑侦，对被害者的心理安抚和案情通报也是重要环节。在这方面，我们的一些执法机关做得还很不够。

那么，当面对汹涌舆情的时候，相关部门的表现又是怎样的呢？应该说，丽江市政府及公安机关对此并非不重视，均表示会组织纪检、法检等相关部门启动执法监督。随后两天，丽江警方连续进行了两次情况通报。然而大家对此却并不买账，舆论呈现进一步发酵之势。为什么呢？

因为这两次通报对事件起因、定性、调查进展、伤情鉴定等舆论关注焦点问题的回应始终缺乏针对性，显得含混不清，根本就没有包含释法答疑内容，使得大家觉得事件前因后果及警方的作为始终如迷雾般看不清、道不明，而警方的通报不过是官样文章，避重就轻，顾左右而言他。

此外，当事人还披露，丽江警方曾私下要求其删除微博内容。这种做法不但没有平息舆论风波，反而为其推波助澜，让警方的公信力再次遭受重创。随后，警方上门给受害者做法医初检的做法，也一样讨不得好。

对此，我也忍不住要说几句。既然根据规定要在受伤90天后才能做伤情鉴定，那这初检又算怎么回事呢？是否有其法理依据？还是说，因为舆论倒逼，才不得不做？可如此一来，法理的权威性何在？岂不是如大家所认为的“不闹不办理”？最终这一做法让“报警不如发微博”的抱怨变成“现实”，令警方陷入被动局面。在随后公布的伤情初检和鉴定结果中，受害人的伤势均被鉴定为“轻微伤”，这再次引发舆论哗然。

从受害人自己公布的受伤前后照片上看，伤势可谓是触目惊心，否则难有毁容之说。可鉴定结果却是轻飘飘的“轻微伤”，这又如何服人？只可惜，面对公众舆论质疑，警方的通报不是照本宣科词不达意，就是避重就轻缺乏针对性，最后的结果可想而知。

当地警方在受害人报案之后的不作为，和案件被曝光之后的含糊其词，这一连串的以搪塞过关的心态而做的表面文章，彻底引发了网友们对于丽江执法者的失望和对此次案件的怒火，让警方丧失了民众的基本信任，从而在事件的后续发展中把自己置于十分不利的地位。

不得不说，一个地方社会治安的好坏，很大程度上取决于警方的态度和办事风格。如果警方的势力全都用来为犯罪分子做保护伞，那还有什么法治可言？人民群众的生命安全和合法权益怎么放心交给这样的执法部门来保护？当执法者和政府的信用变得一钱不值，就不是用一两件好事便可弥补的。人心凉了，就再难回暖了。

在此期间，丽江警方官方微博还出了一大“昏招”，竟转发一条指责受害者这么晚在外吃烧烤属于“浪荡”的文章，引发众怒。“浪荡”一说真是可笑，如果丽江当地有晚上出门吃烧烤属“浪荡”的风俗，为什么烧烤店晚上还要营业，直接闭店好了；还有，按照这种逻辑，那些施暴嫌犯也在吃烧烤，难道他们半夜吃烧烤就不属于“浪荡”了吗？为何只指责女受害者“浪荡”？事后丽江警方虽进行了道歉，并称该条信息不代表官方意见，但已覆水难收，其公信力再遭重击。

这种官方微博与网友“互怼”的情况，也并非个案。还是在丽江，2017 年 2 月 25 日，由于游客投诉率居高不下，丽江古城景区被国家旅游局严重警告。消息一出，有网友称自己永远不会去丽江，不料古城官方微博居然回复称：“你最好永远别来，有你不多无你不少！”再度引发哗然。面对这种情况，相关部门事后以“账号发生异常”的理由来解释，又是多么牵强和苍白。

可以说，互联网时代，虽然不少政府部门也顺应潮流开设了官方微博等沟通渠道，但对于如何善加利用还是不得要领。需知你既然以官方名义开此账号，其一言一行自然也就代表了官方，岂可视同儿戏？公开讽刺、挖苦网友，授人以柄不说，更令身为执法机构的权威性和公信力荡然无存，甚至威胁到了“法制”的尊严，这笔账该如何算？难怪事后有网友评论称：“维权不如发微博，对依法治国来说，是‘莫大讽刺’”。众目睽睽之下，执法机构的所作所为竟然是拆“法制”的台，这实在是让人无语。

官方微博乃是一个地方执法部门的门面，说话不经思考，不考虑民众感情，不尊重他人，恶意中伤他人，就显得有些可怕了。若游客出行，仅是为当地乱象买单，那么旅游将毫无意义，谁还会去呢？如果游客不去，当地引以为傲的旅游资源不就形同虚设了吗？

就算不是以旅游业为主的城市，作为一座现代化的城市，有人受害报案，警方不仅不想办法抓住嫌疑人尽早破案，给受害者一个交代，反而想尽一切办法，为嫌疑人开脱，包庇纵容，为自己的错误百般辩解，甚至不惜为此在官方渠道诬陷受害者“浪荡”，真的是斯文扫地，其厚颜无耻令人汗颜！

古往今来，政府和人民都是水与舟的关系，水可载舟亦可覆舟。执法部门不为人民想方设法地解决问题，应该受到严厉整顿，更应受到社会舆论的谴责。如果舆论一边倒，且明显不倾向于执法部门，后果将极其严重，失舆论者，必失天下。

端正态度的意义超越了事情本身

如果说，警方在舆情爆发后，采取了一个又一个的“昏招”，才导致自己一步步陷于被动，这是舆论公关的失败，那么对案件发生时警方包庇嫌疑人的质疑，又该怎么来解释呢？这个问题如此敏感，是相关部门所讳莫如深的，但又是大多数网民渴望知道的。而要解答这个问题，我们还是需要先了解一下事发地的背景。

事发烧烤店所在的宁蒗，距古城丽江约 5 千米。早在本次事件发生之前，这个地区就已经颇有“口碑”：治安差、出惯偷、当地人不好惹等。即使在云南，宁蒗也是一个让人避之唯恐不及的地方，因为大家都知道当地人不好惹，旅行团到那里转车，无论是导游还是游客，都不敢去上厕所，就怕万一出了点事，不但没人给自己撑腰，甚至是在忍气吞声的同时，还要给点好处息事宁人。

当地警方的处理和态度其实就是牵涉到了少数民族政策问题。

少数民族地区因为历史上遗留下来的问题，经济文化水平相对比较落后，因此国家便会通过一些优待措施鼓励当地的发展，比如高考时候的加分政策。其次，少数民族地区的社会发展程度相对滞后，很多地区还沿袭古时的习俗约束，而不是国家法制。

而且，国家在涉及少数民族犯罪的问题上，一直尊奉“少捕少杀，处理从宽”的原则，这些政策对于稳定民族地区大局是起到一定积极作用的，能够促进我国各个民族间的大团结，维护地区稳定和社会安全。

但是，我们也必须认识到，这种优待和宽容，一定要把握好一个度，千万不能演变为包庇和纵容，成为“依法治国”精神的阻碍。不能将宽容政策演化成对少数民族“法不加身”，这无疑是对广大人民群众安危的漠视，更是对宪法“法律面前人人平等”精神的违背。

长此以往，不仅不利于少数民族群众的健康发展，反而会鼓励纵容他们不务正业，作奸犯科，横行无忌，助长犯罪分子的嚣张气焰。站在长远的角度来看，并不能推动少数民族稳定的发展，甚至还会造成退步。

中华民族是一个团结的大家族，少数民族有自己的习俗，这是值得尊重的。但是本着和谐共处的原则，国家的很多政策对少数民族都十分优待，如果他们将这种优待当作他们犯罪的保护伞，那就违背了社会团结、民族共和的本愿，是破坏民族共和的行为，不应也不能姑息。

这次的女游客被打毁容事件并非个案，只是情节特别严重，影响特别巨大而已。对此，仅仅是官方加以否认是收效甚微的，因为普遍印象已经形成，而丽江警方留给大众的印象实在很难称得上好。

当然，当地警方有自己的难处，但如果一味以拖延敷衍来大事化小，那么每次吃亏的自然就是不可能久留当地、“拖不起”的游客一方了。在此不禁要问当地执法机构一句：这种做法也许一时可奏效，但长此以往，其对丽江城市形象的损害，对当地旅游品牌的破坏，这种代价，作为以旅游为自己名片的丽江，承受得起吗？

华夏热土，地大物博，民族构成复杂，文化差异巨大，五十六个民族应是一家，这也是中华民族历经几千年实践，各民族共同努力、融合发展的结果。每个民族都是地位平等的兄弟姐妹，无高低贵贱之分，无尊贵优劣之别。我国之所以在某些方面对少数民族实施特殊政策，是基于扶持帮助的民族思想，力求带动其经济文化繁荣发展，为他们谋取更多福利。但是如果有些钻空子的不法分子，利用民族优惠政策做违法乱纪，甚至伤害他人之事，那么必须严惩！

“依法治国”，要从“依法治人”开始，这里所说的“人”自然不能将少数民族排除在外。否则“法律面前人人平等”就成了一句空话。少数民族地区具有特殊性，但这种特殊性仍要服从普遍性，否则何以服众？

法制与民族问题的平衡点不管在哪里，历史都并非是无法碰触的痛，也不应成为今日的忧伤。

在必要的顺从中不失品格

随着女游客丽江被打毁容事件在网上的持续传播，在大多数人义愤填膺、纷纷呼吁惩治凶手之余，也有另一种声音夹杂其中，那就是：受害者自己的行为也有问题。客气点的，说她不懂自我保护，在人生地不熟的地方，凌晨还在外活动，属于将自己置于危险境地的不智之举；至于不客气的，则直称该女子过于张扬，自以为是，与当地人起冲突居然还不及时“认怂”，以至遭此横祸。

一言以蔽之，这些人的意思是：“出门在外，多一事不如少一事”“强龙尚且不压地头蛇，何况一个女孩子？就算被欺负了，该认怂就认怂，不能得理不饶人，否则吃亏的还是自己。”字里行间，透露出一种明哲保身的“成年人生存智慧”。对此，我们又该如何评价？

应该说，这样的言论并非全无道理。趋吉避凶是人之本能，出门在外，尽量避开是非之地，不失为一种有效的自保手段，孔子不也说过“君子不立危墙之下”吗？然而，若其一经发展，变成了“在外碰到事情，无论自己有理无理都得认怂”，就已经失去其本意了。更有甚者，会在此基础上发展出一套“受害者有罪论”。你被打了，是因为太得瑟，不知韬光养晦；大半夜的在外游荡，显然自己也不是什么好东西；甚至女生被侵犯了，也是因为自己穿着暴露引人犯罪。这样的论调，就显然是混账逻辑了。

以丽江事件为例，且不论是打人者挑衅滋事在先，难道受害人凌晨去吃个烧烤，就活该被打，甚至被毁容？可以说，这种明哲保身式人生哲学若大肆流行传播，绝非法治社会之福。为何？一个只因你弱小，即使权益被侵犯也只能忍气吞声的社会，一个只因你不是本地人就得事事看眼色的社会，也只能算是一个地域关系维系的宗族社会。这无论如何也算不上是一个讲求“依法治国”的法治社会！

现今社会，女性强奸案受到了国家的重视，为此还对原来的法律进行了适当的增删，目的就是对那些没有犯罪，但是有犯罪动机的人，起到威慑作用，让他们因为法律的强大约束力，而内心受到震动，以此来减少此类案件的发生，保护更多的女性朋友。

而之所以取得这样的成果，就是因为有无数的受害女性，不畏惧周围的流言蜚语，也不害怕打击报复，勇敢地站出来，将罪犯告上法庭，让犯人得到应有的惩罚，让更多的女性加强自我保护意识，也让社会风气变得越来越好。勇敢地站出来，不仅仅是为了自己，更是为了千千万万和自己处境相同之人，以及国家未来的前途和发展。

必须承认，我们的社会离真正的法治社会还有很大距离，在我们的生活中，仍然存在着无法可循、有法不依、执法不严的情况。但也正因此，建设法治社会才是当今中国的目标。而在这一建设过程中，我们不仅需要政府和相关部门的推动与倡导，更需要普通民众的配合与监督。否则“依法治国”就始终是停留在纸面上的一句空话。

就拿本案来说，出门在外，到了一个自己不熟悉的环境，克己守纪，不主动挑事，尊重当地风俗，遇到危险加以回避，都无可厚非。可如果自己的合法权益已经受到侵犯，还一味忍气吞声，以求息事宁人，那只会助长犯罪者的气焰。

本案中的几名犯罪嫌疑人，为何言行如此猖狂，气焰如此嚣张？不得不说，与以往有过类似遭遇的旅游者的忍让不无关系。你遇事退让，即使感到憋屈，在心里骂对方几句“垃圾人”也就过去了，这种做法看似暂时保全了自己的利益，但你退一尺，他便进一尺；今日退一尺，明日退一丈，到最后难免退无可退。

难道你就真以为自己不会成为那最后“退无可退”之人吗？你就真有自信“琳哒是我”的遭遇不会发生在自己身上吗？

我们要明白，一味隐忍只能助长霸凌者的猖狂，明哲保身，不是生命的正确活法！只有合理维权，才能为自己以及后来者作出更积极的表率，从而促进社会和谐，完善法治建设！

因此，如果我们的权益遭到了侵犯，不要仅仅想着“忍一时风平浪静”，而是应该在法律框架内积极维护自己的权利。遇到相关部门不作为时，利用网络舆论来加以推动和问责，也不失为现下的可用之策。不要因为对方表面的强大而畏缩不前，反躬自问，只要正义在我这边，则如孟子所说，“虽千万人，吾往矣”。也唯有大家都践行这一原则，法治社会的实现才真正可期。

此次事件，我们不能等到风平浪静，就将其忘得一干二净，而应该认真反思和思考，从中吸取经验和教训，避免今后此类事件的再次发生。

独善其身，迁就他人而非将就他人

我们独善其身，去迁就他人，但并不代表我就非得将就他人。我们国家有法律法规，我们自己也有容忍底线，在必要时我们可以奋起维权，甚至拿起法律武器，更可以借助一切可以帮助自己的手段，只要有理，可行天下。

孔子在几千年前提出了大同社会的思想，这不仅仅超越了他所处的那个年代，就算是在现如今，也是极为先进的思想，也是我们不断追寻的理想社会。

国家为建设和谐社会，提高人民生活水平，颁布规章制度，各级部门就应严格贯彻落实，不断推动国家建设。假如上有政策，下有对策，投机取巧，徇私舞弊，为一己私利抛弃责任感，那么和谐世界、大同社会，只能存在于人们的想象中。

在“二战”的时候，德国纳粹大肆虐杀反战主义者，有一个新教牧师，写过一首诗，说：“起初，他们追杀共产主义者的时候，我没有说话，因为我不是共产主义者；接着，他们追杀犹太人的时候，我没有说话，因为我不是犹太人；后来他们追杀工会会员的时候，我没有说话，因为我不是工会会员；后来他们追杀天主教徒的时候，我没有说话，因为我是新教教徒；最后他们奔我而来，那时已经没人能为我说话了。”

中国人的传统，就是将“事不关己，高高挂起”这样的论调奉为经典，明哲保身的想法做法更是屡见不鲜。但是正如德国牧师所说，说不定下一个受害者就是你自己。要根除这样的威胁，就必须万众一心，共建一个和谐法治的幸福社会。

一个人不仅仅是一个个体，更是社会的组成部分，国家发展，离不开每个人的努力。我们应认真履行职责，多替他人考虑，友善待之。若遇到不公平、不公正的事，也要勇敢无畏地挺身而出，为正义发声，不要以“事不关己，高高挂起”的态度冷漠待之，其实帮助别人就是帮助自己。因为今天发生在别人身上的不公之事，明天就有可能成为发生在自己身上的不平之事。

本次事件，对推进“依法治国”精神是一个挑战，但也是一个契机。如何让行凶者得到惩治，还受害者一个公道，让正义得到伸张，并重新树立执法部门乃至法制本身在民众心目中的公信力，都将是对执法者智慧的考验。

所以，改善法制环境，不是你“需要”怎样做，而是你“必须”怎样做。只有大家共同维护和谐社会，大环境得到整体改善，出行才能更有安全感，生活才能更加幸福美好。

第八章 校园贷，拷问人性的最小值

前几年，当传统金融乘上了“互联网 +”的东风顺势而起时，一个全新的行业便诞生了，那就是“互联网金融”。而且很快，这个行业便呈现出了“遍地开花”的景象：P2P、微信支付、余额宝、众筹、校园贷……

一波波的新概念不断刷新着我们的认知。加之媒体、舆论的热捧，冠之以“去中介化金融”“普惠金融”“传统金融业颠覆者”等各种头衔，更是把这个行业捧上了天。一时间，上至业界精英，下至公众百姓，无不趋之若鹜，似乎一个无比美好的“新时代”已经呼之欲出……

然而，时至 2016 年，却风云突变，“互联网金融”迎来了第一个恐怖的寒冬。一边，以“e 租宝”为代表的 P2P 平台相继爆出严重问题，停业、跑路、卷款潜逃的事件层出不穷；而另一边，校园贷引发的“裸贷门”又突然爆发，女大学生借款数十万元无力偿还以致自杀的新闻轰动网络。

2016年的校园贷风波，是轰动我国各大校园与整个社会的热门话题之一。事件起因是河南的一所高校里，有一名正在该校读书的大学生，从不同校园金融平台，以无抵押方式，获取了高达数十万元的信用贷款。他不仅用自己的身份使用校园贷，还用同学身份冒领贷款，极其疯狂，极其恶劣。当他被那些金融平台以各种手段催债时，他才意识到问题的严重性，但他已经无力偿还，最终跳楼自杀。

互联网金融，数年前还春风得意，校园贷这正当盛世的“朝阳行业”，忽遇寒风，凛冽吹面，让人们唏嘘不已……此情此景，曾经大肆宣扬互联网金融便利性、普惠性的人们开始沉默了。被“打脸”不要紧，更重要的是，人们已经发现，这种可以用“恐怖”来形容的互联网金融业务，已经渗透到我们最可爱的校园，将那些涉世还不深的莘莘学子，推到了危险的边缘。

在这“其兴也勃，其亡也忽”的行业兴衰图景之中，身为普通人的我们，除了感叹之外，又能从中获取到什么启发呢?

认清现实，事情隐藏起来的那部分往往最有价值

大学生金融服务成了近年来P2P金融发展最强势的产品类别之一。“校园贷”是在互联网金融的基础之上发展起来的，它本来属于互联网金融行业中的一个细小分支，但由于我国人口众多，大学众多，大学生众多，为校园贷提供了一个迅猛发展

的温床。

“校园贷”被人们重视起来，源于 2015 年的一个调查。中国人民大学信用管理研究中心针对近 5 万名大学生展开了一次关于“学生贷款”的调查，这次调查共涉及全国 252 所高校。调查结果显示：“在资金短缺时，有 8.77% 的大学生会使用贷款获取资金，其中网络贷款几占一半。”

事实上，一个人只要是在校大学生，就可以在网上的某个可以提供金融服务的平台提交个人资料，当资料被该平台审核通过后，就会得到过审提示，这时申请人只要向那个网络平台支付一定的手续费，就可以轻轻松松地申请到信用贷款。

中国人民大学信用管理研究中心通过调查，以统计数据的分析结果，撰写成了《全国大学生信用认知调研报告》。该报告一经发布立即引起社会广泛的重视，同时在校园里也引起了热烈的讨论。

“校园贷”这种互联网金融业务形式，又称“校园网贷”，人们常这样描述：它是一些网络贷款平台面向在校大学生开展的贷款业务。其产生的背景本是正向的，是为解决学生们暂时性资金短缺的问题，初期的确帮助过很多大学生，它有审核门槛低、速度快的优点，同时也有难以控制借款流向的缺点，而正是这样的缺点在面对学生客户时却变成优势，促使它如雨后春笋般在大江南北快速发展起来。各家贷款平台的风控措施差别也越来越大，导致一些自制力差的学生过度消费，还有个别平台存在学生身份被冒用的风险，情况慢慢变得越来越不可控。

在分析校园贷之前，我们要先从“市场分布”“业务分类”“运作模式”等几个基础概念解读一下关于“校园贷”的问题。

二、三线城市是校园贷的主要目标市场，多数校园贷分布在此列，三、四线城市和农村学生是校园贷的主要目标人群，他们是多数校园贷的使用者。

近年来，二、三、四线城市以及广大农村地区的学子数量增加，他们有一些是来自普通甚至经济较贫困的家庭。孩子在城市读书，必要的学习费用以及日常生活消费都会增加，这些家庭的经济压力加重，甚至有些家庭无力负担。毕竟不是人人都能拿到奖学金、人人都有资格申请助学贷款和贫困补助，即使有资格，能申请到，也未必够用。有些学生在情急之下自谋出路，可能会考虑校园贷。

再有就是大学生急速膨胀的消费欲望、过度消费、自制力差、提前透支等因素。还有一部分学生有创业上的资金需求，当他们资金紧张时，校园贷就会进入他们的考虑范围，有的甚至连民间高利贷都不拒绝。

以上都是促使校园贷快速发展的因素。一批批使用校园贷的学生就像一根根“毛细血管”，为校园贷不断地提供着充足的养分。

没有固定收入、还款能力差的大学生，是银行会拒之门外的客户群体，却是各家互联网平台争相竞抢的目标客户群。校园贷作为互联网金融平台，亦将目光锁定在学生群体上，甚至为争夺地盘而各出奇招，原因何在？

因为学生的资金缺口虽然不大，但是群体数量庞大，他们可用的资金渠道更少，更容易发展成客户。所以各种形式的互联网金融平台纷纷推出针对学生群体的校园贷服务，目前看来可分三大业务类型。

1.分期购物平台

分期购物平台，以为大学生提供购物消费贷款服务为主，比如趣分期、任分期等，只要消费金额不是很大，还是比较好控制的，但其中部分平台提供较低额度的现金提现服务。

2.P2P贷款平台

P2P贷款平台，以为大学生提供助学和创业贷款服务为主，如投投贷、名校贷等，其优势在于它是线上天然资金的入口，运作上更为灵活，在校园借贷行业里，神通广大。

3.传统电商平台

传统电商平台，以为大学生提供消费与信贷等双重服务为主，比如阿里、京东、淘宝等，作为传统电商平台，它们基础好、信誉高、保障性稍强，客户群体很多。

随着各家平台纷纷看好大学生群体，入主并瓜分这块市场的也越来越多。竞争日益激烈的同时，校园贷款存在的问题也逐渐暴露出来。当然，在初期时校园贷还未引起社会广泛关注，也并未引发教育部以及银监会等监管主体“围剿”。

校园贷在运作模式上，亦是“脑洞大开”，各放异彩。

1. 资金合作模式

校园贷与其他P2P网贷平台进行资金端合作的模式。校园借贷在初期，多数以产品分期为主，直接的现金借贷业务平台并不多见，一般大学生不会有太大的资金需求，对于家长按月给付生活费的学生们，产生借贷行为多数起因于网购，在购买3C数码产品和时尚物品时，由于价格相对较高，无力承担，就会选择贷款，又因大学生借贷利率普遍较高，使得该模式资金链条拉长，此期间融资额大的平台，就会用补贴利息这种烧钱的方式，来圈占市场。

2. 资金自建模式

校园贷以自建独立的资金入口匹配资产的模式。为了进入P2P网贷队列，一些企业发现资金合作模式不足以满足需求时，在2014年开始了自建资金端的尝试，以直接向社会公开或者私募资金的方式建立起网贷平台，从而与校园贷业务匹配资产。

还有一些P2P网贷平台以直接入场的方式，参与到校园借贷业务中来，它们专门针对大学生，开发出各种类型的借贷产品。更有些平台，是以纯信息中介平台方式，参与到校园借贷业务的，它们是大学生和投资人的中间线人。

这种模式比资金合作模式的最大好处在于，缩短资金链条，利率优势明显，校园贷几经发展淘洗，这种模式占了市场份额的90%以上。

对于校园贷平台来说，高投入意味着高收益。对于使用校园贷的学生群体而言，低门槛意味着高风险，所以一定要保持高度的警惕性，做到自我约束。要认清现实，因为事情隐藏起来的那部分，往往是最有价值的，认清了，才可保护自己。

保持头脑清醒，你最不了解的才是最重要的

校园贷的套路到底有多深，在了解完一些基础概念以后，再从校园贷的特征层面研究分析，我们就会知道了。保持头脑清醒，非常重要，因为不了解的东西往往具有极强的迷惑性。

校园贷有三大特点：

（1）借贷人基本上都是在校大学生，无论人生经验还是金融常识都较为匮乏；

（2）一开始借贷金额都不高，但没过多久便翻几番，让借贷人不堪重负；

（3）在放贷方非正常手段催逼下，借贷人不堪压力容易寻短见。

现如今，几乎所有校园贷的广告词都打着“低门槛、低利息、无担保、无抵押”标签，广告不仅在网络上大行其道，甚至出现在繁华闹市的巨幅电子屏上、电梯楼宇街道的灯箱上、公交地铁站牌上，街头巷尾传单满天飞。

据资料显示，2016年，面向大学生群体的互联网消费信贷规模已突破800亿元。然而，这种“野蛮生长”却带来了诸多问题。有些大学生成为互联网信贷的受害者，有的居然是犯罪嫌疑人。而频繁出现的“黑代理”“裸贷”等新闻标题，都将“校园贷”与“陷阱”这两个词汇联系起来。2016年11月，有网友爆料来源于网络借贷平台的一个名为“裸条”的文件压缩包在网络疯传，内容居然是女大学生的裸照及视频，而且事关167人，由此引发了人们对非法“校园贷”问题的关注。

“套路化”的校园贷陷阱，是如何将单纯的大学生拉进火坑的？举个例子，最老套也最好用的陷阱就是让你尝到甜头。大学生肖某从考上大学就开始在4家校园贷平台贷款，原本只借了不到5万元，现在已经变成十几万元债务！原来，他刚入学时听信了校园贷平台的宣传：新用户只要通过平台面签就可以获得礼品。尝到甜头以后，他就越陷越深。一个学生背负十几万元债务，足以列入信用“黑名单”了，可见校园贷的利率计算方式有多恐怖了。

校园贷平台初期能给新用户各种看似不错的福利，因为服务提供商有雄厚的资金，足够“烧”一阵子的。后期在钱“烧”得差不多时会取消福利，或慢慢降低，等下一个开学季时再搞活动，以吸引新一批大学生的加入。

有计算器都难算清的骗局

接受高等教育的大学生并不见得都会算利息。校园贷通常用看似很低的利率和含糊不清的还款模式来欺骗大学生。假设借 1.2 万元，1 年期，几种不同借贷方式的利率比较如下：

校园贷平台“名校贷”月息为0.99%，蚂蚁借呗日息0.04%，中国银行年息为 4.35%。统一换算为年利率则分别是 11.88%，14.40%，4.35%。实际还款的情况如下表所示。

贷方名称	每月需还款（元）	一年期总利息（元）	一年共需还款（元）
名校贷	1118.8	1425.6	13425.6
蚂蚁借呗	1079.78	957.44	12957.44
中国银行	1023.72	284.63	12284.63

奇怪的是，蚂蚁借呗的利息明明比名校贷高，为什么最终还款却少了 468.16 元？这是因为其他机构在采用等额本息还款方式计算利息时，每个月的本金数是递减的，但名校贷的计算方法中本金一直是 1.2 万元从来没有递减。

以月利 0.99% 的噱头制造低利假象，实际以 21.25% 的超高年利计算，是银行贷款利率的 5 倍。这还是“超低月利”的名校贷，很多校园贷月利率远不止这个数，6%，8%，甚至 10% 的都有。

大学生们天真地以为在生活费上省点再找个兼职还款不成问题，可校园贷计息的“套路”比大学生的思路“高明”多了。除此之外还有更坑人的欺骗方式。

附加服务费骗局：服务费比利息还高

很多校园贷平台在放贷时会借押金名义扣取学生 10% ~ 20% 咨询费，学生以为不逾期还款还能返还，也就不计较了，但这实际上仍为骗局。它会让学生多付利息：假设贷款 10000 元，学生拿到手的只有 8000 元，却要按 10000 元本金支付利息。很多平台“以物抵金”，用数码产品代替现金，报价与实际价格的价差，也被平台赚取。再有供应链资金沉淀利差，即平台与供应商之间并不是实时结算，资金可反复放贷。而滞纳金高得离谱，利滚利堪比高利贷！

催款背后的秘密：以家人朋友为要挟

校园贷之所以敢以不合理的方式牟取暴利，还不怕学生不还，就是因为他们要求学生提供父母家人朋友等信息并以此相要挟。大学生思想单纯，人际关系网相对简单，催款更容易，有的平台甚至直接喊出：“收拾他们，分分钟的事。”

其实校园贷哪里看中了学生兜里那点可怜巴巴的生活费，他们真正的目标是学生家长。家长怕孩子学籍征信受影响，砸锅卖铁也要还，给校园贷平台提供了生存空间。

对多数家庭而言，小额贷款的还款压力要比高利贷小得多。

然而，就算申贷步骤如何地简化，父母朋友的信息是必须要填写的。校园贷常见的催款方式，有人这样总结：“如果你要死赖着不还，我给你辅导员、系主任、院长打电话，你怕不怕？还是不还钱，喊人在你宿舍楼下，堵你，喊你的个人信息，你怕不怕？再不还钱，让你拿不到毕业证，直接起诉你，怕不怕？还不还钱，就直接按身份证信息找你家去！”

贷款低门槛，只需三分钟

校园贷的申办非常容易，只要有身份证、学生证，就能迅速办理。然后它就会用“八项费用”掏空你压垮你：贷款利息、逾期罚息、逾期管理费、充值费、提现费、借款服务费、借款手续费、代理费。

“校园贷”属于一种利弊兼存的互联网金融借贷产品，不管是为了消费还是应急，或者为了助力创业，选择校园贷时均需谨慎，它是把双刃剑，助力与负债之间仅一线之隔。万众创业的时代，大学生以其创新能力强的优势，纷纷尝试创业，国家与社会也给予鼓励，当然这是好事。而校园贷却打着帮助学生解决资金难题、助力学生创业的旗号将黑手伸向学生。

校园贷的名声如此响亮，你不信？低门槛。你不信？速度快。你再不信？大家都用。你还不信？身边的人轻轻松松贷到。你还能不信？一旦创业成功，那偿还从校园贷上借的钱简直就不是什么大问题。这是个简单易行的方法，当然它是有前提条件的，那就是你必须创业成功，否则，等待你的将是万丈深渊。

校园贷危害何其多？列举其中三条：容易滋生借款学生的恶习；不法分子利用校园“高利贷”进行其他犯罪；若不能及时归还，贷款方会采取各种手段逼学生还款。

大学生防范意识差，对社会认识不够深，购买欲望旺盛，虚荣心强。不法分子的招数堪比吸血鬼，给高于银行贷款利息20倍至30倍的高利贷产品穿上“花裙子”，打扮成“薄利多销”的娇俏模样，让大学生一看忘不掉，二看想摸摸，三看欲罢不能，四看毁一生，肆意掏空大学生的干瘪口袋，再掏空家长的腰包，给家庭带来一辈子难以还清的沉重经济负担。

校园贷的流行犹如温水煮青蛙，开始时，大学生在虚荣心和好奇心的驱使下开始使用校园贷。然而，这就像滚雪球一样，一开始就很难停下，最终大学生将面临的是高额的利息，甚至是生命安全受到威胁。

面对诱惑，把虚荣心变成羞耻心

2016年以来，除了“e租宝”等P2P平台的倒下，“校园裸贷门”的爆发也将网贷行业推到了舆论的风口浪尖。而在2017年，媒体报道关于“裸贷”“裸条”事件更是比2016年多，多地高校女生卷入校园贷以及裸贷风波：借了钱还不上，那就公开借款人的裸照。月息高达20% ~ 30%！她们怎么还？名义上虽不是高利贷，但实质上其危害较高利贷有过之而无不及！校园贷黑幕问题，已经引起国家相关部门的注意，央视新闻频道

《新闻 1+1》栏目曾有深度报道。

2016 年 3 月，一则关于郑州一名在校大学生因百万债务缠身无力偿还而在山东青岛跳楼自杀的新闻爆出，使当时风头正劲的校园贷一下子成为舆论焦点。2016 年 6 月，有人在网络上爆料称，不少女大学生通过网络借贷平台借钱，被要求手持身份证拍摄裸照作为抵押。当发生违约到期不还款时，放贷人便会以公开裸照和跟借款人父母联系等手段作为要挟，逼迫借款人还款。

一时间，“女大学生裸贷”在各大网络媒体“刷屏”，引发社会关注。2016 年 11 月底，“裸贷门”再起风波，一个名为“裸条”的文件在网络上疯传，内有 167 名女大学生手持身份证的裸照和视频，以及众多不堪入目的借款聊天记录。至于女大学生因无力偿还贷款而以身偿债，跳楼，烧炭自杀等的新闻也是不绝于耳，令人震惊不已。

2017 年 4 月 11 日，在福建泉州某高校学生街宾馆，女学生小雨（化名），因卷入校园贷，被催债电话骚扰，不堪还债压力而自杀。

此前“厦门女大学生欠款 57 万元绝望自杀”“千元借款滚至 26 万”等社会新闻，再次以“血淋淋”的面目被呈现在公众面前。

一拨又一拨学子因“校园贷”寻短见，谁能让悲剧不再上演？这么多清纯可爱的孩子，就这样因无力偿还高额“校园贷”而结束了本该美好的人生，亲人痛苦不堪，旁观者唏嘘不已。这些选择自杀的大学生，身上存在一些共性，他们自控能力不强，恶性超前消费，防范意识差，轻信校园贷平台的虚假宣传，最后不得不挖东墙补西墙，甚至以骗父母、借亲朋、冒用同学身份等罪恶的方式，筹钱还款，然而仍阻止不了债务如滚雪球般越来越多，最后不得已一死了之。

据不完全统计，仅 2017 年 3 月 16 日至 4 月 9 日期间，就有 4 则校园贷相关的悲剧被媒体报道。而人们已经意识到，被报道的仅仅是冰山一角。学校里，社会上，因借贷而被套牢，因被催债而举步维艰，最后选择自杀，甚至走上不归路的人，一时间很难统计。

在此，我们引用一组权威的调查数据：在 23939 个大学生的调查样本中，对于“你了解校园贷的相关金融和法律风险吗？”的问题，37% 的大学生表示完全不知道，26% 的大学生表示基本不知道，22% 的大学生表示部分知道，仅有 15% 的受访者表示非常了解。即 85% 的受访大学生可能“不太了解”校园贷的相关法律风险。

有一些校园贷平台试图置身事外，打着洗白 P2P 的旗号，将裸贷频繁发生的原因，完全归罪于女大学生。称她们因为爱慕虚荣而过度消费，甚至愚蠢到出卖自己，并以业内人士的口吻抨击了一下类似于此的众多有裸贷发生的“奇葩”平台，说它们严重影响了 P2P 的行业风气。裸贷是中国 P2P 行业的耻辱，不仅把校园贷搞得乌烟瘴气，甚至让P2P背上了黑锅。

不得不说，一些大学生，因爱慕虚荣而过度消费，或者由于一些错误的行为造成麻烦，为了尽快解决麻烦而发生借贷行为，这些的确是校园贷、裸贷大行其是的一个原因。比如这则"借条"中所述情况便是如此："某某某，2016年4月23日，以被男朋友抛弃需要借钱打胎为由，向我司借款一万元，利率为年率24%，约定一周为期归还。结果到期后，恶意逾期(不还款)。当事人借款时留下裸体视频及各位亲友联系方式……"

"裸贷门"中，通过网络借贷平台借高利贷的大学生，有些是家境不错衣食无忧的孩子，他们借高利贷往往是为了买高端电子产品、堕胎、做整容手术、赌博等，这也暴露出部分大学生有着不合理的消费习惯及生活习惯的问题。

事件爆发后，有很多人百思不得其解，究竟是什么原因，让这些"天之骄子"，为了区区几千元钱，就全然不顾自己的尊严，赤裸示人？金融知识的匮乏，社会经验的不足固然是一方面，但其背后所映射出的一味崇尚高消费，为了金钱利益甚至不惜出卖自身的畸形价值观才是真正令人感到不寒而栗的。

对此，身处旋涡之中的大学生们固然有自己的责任，但教会他们这些的，不也是整个社会吗？不管是针对投资者的骗局，还是觊觎消费者的圈套，或者是校园贷乱象，其根源都是如今大行其道的拜金主义思潮。许多人在金钱诱惑下失去了理智，失去了做人最基本的道德底线，上演了一幕幕行骗与被骗的闹剧。可金钱真是万能的吗？有了钱就可以为所欲为吗？很多人就是这么想的，只是当他们真的拥有了财富，却不知自己所欲何为。于是，只能用大肆挥霍去填补自己空虚的心灵。事实上，他们不知道，他们所出卖的，正是自己最珍贵的财富。

谈到消费，更值得一说，因为消费与我们的生活密切相关，我们的衣、食、住、行无一例外地都与消费挂钩。什么样的消费理念，才是值得我们追求的呢?

我认为正确的消费观绝非是盲目地追求奢华显贵，也不是一味节俭，而是量力而行。生活质量好，是好在品位。不炫耀，也不因为别人的炫耀而自卑，这便是一种最好的状态了。

如果我们有意通过互联网做点理财投资，或者真的急需钱需要进行借贷，那么要牢记：永远不要相信违背常理的承诺，无论其表面上看来是多么光鲜亮丽，多么诱人。金融不是一夜暴富的魔法，也是要遵循市场规律的。在经济总体走势向下的背景下，为何有人可以向你许诺20%甚至更高的回报?有一句话叫做“事反必为妖”，说的便是这个道理。“庞氏骗局”的始作俑者，难道个个都很高明?其实未必。即使麦道夫这样的世纪巨骗，也一样有马脚可寻。

量力而行，在靠近悬崖的地方止步

一幕幕的骗局，让我们对校园贷乃至互联网金融的态度从最初的热切追捧转为胆战心惊，那么我们到底应该如何看待这个新生事物?近两年互联网金融领域所发生的这一切，又能给我们哪些启迪？

非法校园贷往往具有以下特征：利用无孔不入的虚假广告诱骗学生；额度小、期限短、利息低；如果学生无法偿还贷款，借贷公司会主动介绍学生向另一家借贷公司借款，令债务越滚越大；规避法律风险作假流水等。

为何本该为学生群体造福的校园贷款，竟摇身一变，成了摧残大学生的魔爪？这一桩桩悲剧的发生，到底是借贷方的恶意驱使，还是大学生自己的消费观念发生了扭曲？这些问题，都值得我们深思。

众所周知，大学生群体大多没有收入来源，偿债能力也比较低，往往不是理想的借款对象。以往的助学贷款，也基本都是低息贷款。本次引发问题的贷款平台在进行校园贷款时，也多打着“低利息”的旗号吸引客户。

事实上，这些校园贷并非低利息，而是通过押金、手续费等方式变相地收费。仔细计算一下就不难发现，所谓的“低利息”其实是变相高利贷。有知情者称，女大学生在校园贷平台上的借款，实际月利息高达30%，已属高利贷无疑。这些放贷者，不过是通过网贷的名目，将手伸向了涉世不深的大学生群体，并从中牟取暴利。

为何通过网贷形式？为何瞄准大学生群体？其实原因也很简单。网贷门槛低、借贷方便，个人通过银行借贷比较困难，需要提交各种材料和抵押。但通过网贷平台借款就不存在这些问题，只要提交简单的资料即可完成借贷，甚至不需要家长和老师的任何担保。

而其之所以针对大学生群体，正是看准了这一群体涉世未深、对金融和借贷缺乏基本概念，却又有相当强消费冲动的特点。面对学生群体违约风险较高的问题，它们不是通过建立征信体系和风控模型来应对，而是以裸条、威胁、连坐等非常规手段来催逼，尽显“中国式讨债”的传统“智慧”。

大学生没有经济收入，为何这些贷款者还如此笃定地放给他们大笔款项？因为他们知道这些学生的父母不会坐视自己孩子的裸照流出，信用破产，乃至身败名裂。在“裸贷门”中，我们看到的依旧是以往高利贷领域的不法分子利用网络工具的便利和管理的漏洞，所上演的一出换汤不换药的骗局。

这让我们再次意识到，网络实际上只是一个中性的工具，在带给我们便利的同时，也一样会陷我们于万劫不复的境地。随后，在舆论和监管的重拳出击下，一度风风火火的校园贷立刻偃旗息鼓。“眼见他起高楼，眼见他楼塌了”，校园贷的这一轮兴衰，带给我们的除了一张张“裸条”，还有什么呢？

君子爱财，取财有道。古语所云取财有“道”，指的是道义。而这里我所言之“道”，不仅仅是道义，而更是可持续发展的通道。金融服务业对现代社会很重要，因为它是融通资金、为经济活动输血的渠道。

但是金融的功能是服务实体经济，而不是自我增值，如果盲目追求利润，就会变成附生于社会经济的毒瘤。美国次贷危机的爆发已经充分证明了，失去监管和控制的金融业，会给实体经济和社会带来多么巨大的损失。

对此，政府也予以了高度重视。2016 年 4 月 19 日，中共中央总书记、国家主席习近平在网信工作座谈会上提到之前一段时间发生的 e 租宝、中晋系案件，明确指出其打着“网络金融”旗号非法集资，给有关群众带来严重财产损失，社会影响十分恶劣。

2016 年 4 月，教育部与银监会联合发布了《关于加强校园不良网络借贷风险防范和教育引导工作的通知》，明确要求各高校建立校园不良网络借贷日常监测机制和实时预警机制，同时，建立校园不良网络借贷应对处置机制。

2016 年 8 月 24 日，银监会亦明确提出用“停、移、整、教、引”五字方针，整改校园贷问题。2016 年下半年，多家校园贷平台或宣布关闭或表示转型：

8 月中旬，“优分期”宣布进军非校园消费金融市场；9 月 5 日，“趣分期”宣布退出校园贷市场；9 月 27 日，“名校贷”宣布战略转型，校园贷市场比例将逐步减小；网贷平台“我来贷”发布通知称，于 2016 年 10 月 12 日零点正式关闭学生申请贷款的通道，并于 10 月 16 日正式关闭已授信用户的提款服务；“分期乐”也宣布不限于校园开展业务，将服务对象拓展至白领人群。

2017 年 5 月 27 日，银监会、教育部、人社部联合印发《关于进一步加强校园贷规范管理工作的通知》，要求从事校园网贷业务的网贷机构一律暂停新发校园网贷业务标的，根据自身存量业务情况，制订明确的退出整改计划。

具备正向思维，你的每一个决定都事关人生

为了不再让“裸贷”成为互联网金融行业的热词，我们有必要从“裸贷”问题的本质出发，以正向的理性思维，分析其在校园贷中所充当的角色，再探究未来校园贷平台该何去何从。

校园贷平台是促成借贷双方达成借贷协议的第三方，在风险控制上并不具备控制能力，不法分子就是钻了这个空子。为避免“裸贷”等风险事件的发生，有人认为平台应做出以下几点努力。第一，多维度验证借贷双方的资质信息；然而这需要耗费极大的成本，当然很难做到，如果以此来解决“裸贷”风险，怕是杯水车薪。第二，限制借款人准入门槛：多数平台禁止对23岁以下在校生提供借贷服务；这方式简单粗暴，但的确可以筛除掉一大部分不具备还款能力的借款人。第三，限制出借人准入门槛：在裸贷事件中，借款人固然不够理性，但她们被“裸贷催收”压迫，很大一部分原因就是平台对出借人设置的准入门槛过低，出借人的信誉过差，采取恶劣手段收贷。

现在，互联网金融、校园贷及裸贷案件层出不穷，业务手段花样翻新，技术含量越来越高。这也提醒我们，在发展新技术新业务时，还要警惕风险蔓延。我们相信，政府也会加快网络立法进程，完善依法监管措施，化解网络风险。

“裸贷”事件的实质是平台所需要承担的责任与不法分子趁

机钻空子的野心两者权衡之间的矛盾。只要一有负面新闻，平台就各种“喊冤”，明显是在逃脱和撇清责任。校园贷平台若想“裸贷”等风险事件不发生，最有效的防范工作还是需要明确自身的职责范围，同时肩负起社会的责任，对借贷双方做出更多审核，在保证出借人权益的同时不要给出借人太多权利，以免“裸贷”悲剧再次发生。

校园贷中的“裸贷”现象，仅是这个行业的冰山一角，大学生因为自己没有还款能力，就不应该过度消费，更不可以拿父母的钱浪费在奢侈品上，如果用贷款消费的方式生活，还不如早早学会理财，好好规划人生。

中国的网贷最初是承载着为中国8000万家中小微企业提供融资的源头活水的使命而诞生的。用正向思维解决互联网金融以及校园贷问题，不仅平台需要加强管理、做好风险控制，学生更需要衡量自身情况，如果不具备还款能力，还是要养成良好的消费习惯，管理好自己的虚荣心，不碰触校园贷，保护自己的征信记录，以免连累家庭，让父母为自己还债。

校园贷乱象的产生除了有某些恶意平台的贪念作祟，扭曲的价值观也“功不可没”。因此对国家而言，要做的至少有三点，第一，完善相应的法规、强化监管机制；第二，普及非法校园贷经常使用之骗局；第三，也是最重要的，就是宣扬积极向上的价值观。对于企业来说，坚守企业良心，是企业立足之本。在历史的洪流中，无良企业迟早会被淘汰，只有良心企业，才会留住，并被人们记住。而对于个人，我认为，首先要少些贪念；

其次便是增强自己的相关知识素养；再次就是多学习如何防范风险危害；最后，遇事要沉着冷静。只有这样，才不会让那些不法分子有可乘之机。说到这里，我也希望人人都能做一个正能量的传播者。遇到骗局若能识破，最好是及时举报。毕竟相关部门对案件的侦查，也需要我们的协助，再说，帮助了别人，也能快乐自己。

校园贷的确令人爱之不易，但相信经过了这么多风雨，整个行业应该变得成熟了一些。这些也恰是互联网金融能健康成长的必要经历。因为这些案件发生之后，其发展道路亦会变得成熟规范，我们有理由相信，在不远的将来，一个健康的、成熟的互联网金融行业，将会呈现在我们的眼前。

第九章 慎而思之：避免可能存在的危险

近年来，非法传销相关案件可谓层出不穷，每每引发极大社会反响。就连号称互联网新兴行业的“微商”，也被蒙上了传销嫌疑，大有“传销猛于虎”之势。但另一方面，很多人分不清传销和直销到底有何区别，对传销的危害也没有直观认识。所以这次，我们就来谈谈这个不时出现并活跃在我们身边的骗局。

无论是在城市还是在农村，相信很多人都能看到“严打传销”这样的标语。提起传销，更是令人深恶痛绝。从传销首次出现在中国内地一直到现在，此类案件从未停息过。而在这一桩桩大案的背后，是一个又一个支离破碎的家庭。

事实上，传销，仅是人们头枕的一场黄粱梁梦，醒来也必将是一场空梦。

去表象化，以最简洁的方式了解事物全貌

2012年12月6日，广西南宁公安机关在前期缜密侦查基础上，在广西、北京、吉林等地同步行动，成功破获“10 · 16”特大传销案，抓获该传销团伙A级头目70余人，逮捕30人，查获涉案款物一批。

经调查，2010年5月以来，犯罪嫌疑人刘某某等人以“资本运作”为名，以高额回报为诱饵，要求参加者缴纳5.6万元至8.6万元不等的入门费，采取“拉人头”形式，引诱3000余名群众到广西北海、南宁、桂林等地从事传销违法犯罪活动，涉案金额1亿多元。这便是令人震惊的广西“10 · 16”特大传销案。

2013年1月13日，另一件大案，湖南“1 · 12”特大传销案也成功告破。捣毁传销窝点378个，查获参与传销人员4000余名，刑事拘留犯罪嫌疑人128名，传销骨干全部落网。

犯罪嫌疑人姚某某等人于2011年6月流窜至湖南长沙，以“自愿连锁经营业”“长沙市绿化工程”等为幌子，要求加入者申购产品份额（3800元为一份，每人申购份额不超过21份，无实际产品），采取“五级三阶制”，在长沙市开福区、雨花区开展传销违法犯罪活动，涉案金额约2亿多元。

以上两件传销大案与贵州“5 · 07”特大传销案、“中国明明商”传销案、“北京中绿公司”传销案、“江西精彩生活公司”传销案、“浙江亿家电子”涉嫌传销犯罪案、“军圣营销”组织

领导传销案、“四川幸福缘农业开发”传销案和“斐梵国际”传销案等被合称为“中国十大传销案件”。

而就在2017年1月5日，警方又破获了一起特大传销案。张家界慈利县公安局官方微信“慈利公安”通报一起特大传销案，涉案资金达15亿元，共发展传销人员90余万人，抓获犯罪嫌疑人55名，其中14人已被依法批准逮捕。这便是令人震惊的“国通”特大传销案。

随着时间的推移，特大传销案，又岂会只有这10件呢？而案件发生频率之高，涉案人员之多，涉案金额之巨大，无不令人瞠目结舌，谈之色变。

传销与直销仿佛一对孪生兄弟，真真假假，让人难以看得清清楚楚，明明白白。传销的外文名是Pyramid Selling，即金字塔式销售。传销产生于“二战”后期的美国，成型于战后的日本，发展于中国。

说到传销，大家一般都会加一个前缀，叫“非法传销”。但是不是说，但凡传销都是非法的呢？关于这一点，需要从传销的原始定义说起，这其中还有一段历史演变。

根据1997年1月10日国家工商行政管理局令第73号公布的《传销管理办法》规定，“所谓传销，是指生产企业不通过店铺销售，而由传销员将本企业产品直接销售给消费者的经营方式。它包括多层次传销和单层次传销。”

所以一开始，传销的概念和直销并没有本质的差别，都是指生产企业直接将产品销售给消费者的一种经营方式。不同之处只是“传销”更强调“传播”一面，也就是借助传销员的人际网络和信誉，进行产品推广和销售；而“直销”则是强调“去中间商”一面，也就是产品直接售卖给消费者，不经分销商层层转手。为什么要采取这样的销售方式呢？

其实这也是取决于商品的特性，有些商品相比在商店柜台出售，更加适合通过面对面产品体验、示范和交流来促成购买关系，比如化妆品、功能型营养保健品以及操作要求较高的器械等。所以，传销这种销售模式也就应运而生，其本身并不背负什么“原罪”，与一般的店面分销相比，只是采取的渠道不同而已。

然而，传销的性质决定了其需要尽量扩大传销员的规模，才能利用这些人的社交网络进行销售。所以，如何吸引人员加入是一个大问题。此时，多层次传销就出现了。在这种组织中，传销员分为不同级别，当一个传销员介绍一定数量的新成员加入后，本身即可提升级别，还能从自己介绍的新成员所创造的销售额中“抽成”，获得更高的收入。

也就是说，传销员除了依靠销售商品获取利润外，更可自己招募培训其他的传销员，其收入的来源不仅包含其本人的销售收入，还包括自其名下所构建的网络产生的销售额按一定比例计算出来的收入。

这种做法的初衷是鼓励传销员介绍新成员加入，以扩大企业传销网络规模，并无太大不妥。然而别有用心者却发现，这种多层次所造就的金字塔结构中，如果底层人员的加入与产品销售直接挂钩，也就是你加入这个组织就要购买产品作为“入门费”，那只需要不断扩充底层规模，上层员工就可以坐享其成。

这样一来，不管卖什么产品，只要不断拉人入伙就可以了。由此，传销便逐步脱离了其销售商品的初衷，异化蜕变成了一种“金字塔骗局”。或者也可以说是这种骗局借“传销”的形式死灰复燃。但有一点不会改变，就是这种骗局一经出现就迅速传播蔓延，产生极大社会危害性。

鉴于此，国务院于1998年发出了《关于禁止传销经营活动的通知》，禁止任何形式的传销经营活动，加大执法力度，严厉查禁各种传销和变相传销行为。即传销经营活动已经成为了法律明令禁止的违法行为。

到2005年，国家正式颁布了《直销管理条例》和《禁止传销条例》，将直销和传销区分对待。将直销定义为“在固定零售店铺以外的地方，独立的营销人员以面对面的方式，通过讲解和示范将产品和服务直接介绍给顾客，进行消费品的行销”。

而传销则变成了“组织者或者经营者发展人员，通过对被发展人员以其直接或者间接发展的人员数量或者销售业绩为依据计算和给付报酬，或者要求被发展人员以交纳一定费用为条件取得加入资格等方式牟取非法利益，扰乱经济秩序，影响社会稳定的行为。”

至此，“直销”和“传销”在中国至少在性质上已泾渭分明：直销合法，传销违法；直销应予以规范，而传销则当明令禁止和取缔。但是由于直销和传销在某些开展手段上的类似性，很多人还是没法将两者分清。这也难怪，因为它们本就是一对双生子。不过，根据目前国家法规的定义，我们还是可以从以下几个方面对两者进行区分。

第一，销售员的主要收入来源是什么。如果销售员的收入主要还是来自产品销售，那么这应该是正常的直销行业。而一旦销售人员的收入主要甚至完全来自发展下线，也就是“拉人头”，而从中牟取利益，基本不再来自产品销售时，就可认定这种行为已基本属于“非法传销”。

第二，是否需要缴纳高额入门费。如第一条所指出，由于传销员的收入与发展下线的规模及下线的销售业绩直接相关，所以在非法传销组织中，通常将“拉人头”和“卖产品”合二为一。新成员加入组织时，必须以直接购买产品等方式交纳“入门费”，而且其金额通常较高，远远超出该产品的实际定价和使用价值。这样，才能保证这笔钱可以在金字塔结构中层层“上交”和提成。

第三，是否有真实的产品。由于非法传销的获利渠道已经脱离了产品销售本身，异变为靠拉人头和收取高额入门费来获得收入，所以不少传销组织实际上并不销售真实产品，而是虚构一个产品来骗取入门费。或者，虽然号称自己销售某种产品，但其所收取的价格远高于产品本身市场价格或使用价值。比如一套商店只卖三四百元的化妆品，在传销组织里却可以用几千元的高价“卖给”新加入的传销员。这种产品本身，不过是一个幌子，多数传销员在购买后，也不会真正领取该产品，只是做做样子而已。

例如，在2016年发生的“11 · 20”特大传销案中，该传销组织便以每套2800元人民币的价格胁迫被害人购买虚构的产品。在被害人购买产品后，获得加入传销组织、发展下线的资格，又继续诱骗新的被害人加入该组织。该传销组织根据发展人员的数量、交纳的“上线款”获取利益，并作为传销组织成员计酬或返利的依据。

当然，以上只是从“获利渠道”这一点出发，来区分合法直销和非法传销的不同。实际上，非法传销组织由于自身的欺骗性，会发展出一系列与正规商业营销迥然不同的手段，对被害人进行诱惑、胁迫、控制和驱使。而这也正是非法传销的极大危害所在。

无论何时都不要失掉基本判断力

中国式传销是虚假的公司，虚构的产品，什么都是空的，就只是让你拉人头，从入会费或者加盟费中提取少量提成。或者控制人身自由，没收财物，让你无法与外界联系，天天学习那些传销培训教材，让你学会怎么骗人，然后列名单、电话或书信邀约、摊牌、跟进，直至以各种方式交齐入会费或者加盟费。

对于轮番洗脑的非法传销，我们只有保持清醒头脑，才能守住最后的底线。

有些人谈起传销，总会不解为何这样一种骗局，竟会引诱这么多人沉迷其中。从一些已破获的传销案件中可以看到，不少被害人住着十几个人一间房的集体宿舍，吃着没有油水的大锅饭，却还做着一夜暴富衣锦还乡的发财梦。

到底是什么让他们如此鬼迷心窍？难道这些人连正常的是非判断和道德意识都不具备吗？殊不知，传销组织往往有自己的一整套伎俩，能够将受害者“洗脑”，并心甘情愿为虎作伥。下面，我们就来看看传销所经常借用的洗脑手段，是如何将一个有着基本判断力的人一步步落入陷阱的。

第一，连蒙带哄，暂时稳住“新朋友”。传销团伙将新骗进的受害者称为“新朋友”，所以第一步要做的，就是如何留住这些新朋友。一般来说，普通人如果被亲朋好友所骗，来到某个传销组织，并意识到这一点后，第一反应是转身就走。这时候，团伙内的成员就会通过各种方式让他留下来。比如和他讲情面，让他至少先住一夜再说；又或者一群人一起哄骗挽留他，声称没有恶意，应该先考察两天再做决定，将来不会后悔等。语气恳切，态度真诚，让人很难拒绝。中国有句老话叫“伸手不打笑脸人”，这种情况下，多数人心里都会有暂时的妥协和犹豫，心想不就是多住几天，也没关系吧。

而这一留往往就走不了了。如果还是不行，那么就会有所谓“领导”带着身强力壮的“部下”来和你谈话，表面语气和蔼，实际语带威胁，让你不要冲动，多考察几天，到时候来去自由等。有很多人碍于面子，就选择了暂时留下来，心想不行可以再走，却不知道，只要他留下来，传销团伙的第一步“缓兵之计”的目的就已经达到，而后面还有其他的手段在等着呢。

第二，封闭环境，通过群体活动，实现去个人化。传销团体经常群租在一些被称之为“家”的传销窝点，和外界封闭，手机等通信设施也以各种理由被剥夺，所以被害人会在开始时感到孤立和空虚。此时，团伙其他成员就会利用这个机会对他嘘寒问暖，端茶送水，关怀备至，让他颇有受宠若惊之感。如果受害人本身事业不顺或人际交往有问题，那么更容易受到感染，下意识地对这些自称“共同创业的战友”产生好感。传销团伙也经常通过喊口号，一起吃饭，唱歌，讲故事，乃至做游戏等活动来增进这种集体感，也让人在封闭的环境中填补精神空虚，获得一种虚幻的充实感，同时让人没有时间进行独立思考，什么事都跟着其他人营造的环境一起走。

如果不是自我意识很强的人，在这样的环境中，很容易陷入一种群体无意识状态。而这些团体所做的游戏，往往是一些带有惩罚表演性质的游戏，比如“学狗撒尿”之类。这种游戏普通人平时因为羞耻心，是根本放不开的。但在这种集体氛围感染下，却会使人渐渐投入进去。在这个过程中，其实也是让你不知不觉间卸下道德意识和羞耻心，以便为下一步自己去骗人打好基础。到了这时候，很多人原本对传销的戒心已经有所淡薄，或许还真以为这说不定是一个好的创业机会，动了加入的心思。

第三，他人暗示加自我暗示，填补心理落差。刚进入传销组织的受害者，面对现实中的简陋宿舍和寒酸饭菜，往往有很大心理落差。这时候，其他组织成员就会主动给他“找平衡”，这往往是通过讲述自己的所谓思想转变经历，来对他进行暗示。比如有人会说自己以前做的是什么行业，多么辛苦可是根本赚不到钱，加入组织以后才发现以前都是白活了，现在已经全身心投入了这个行业等。说这些话的人会先摸清受害人的经济情况，故意把自己的工资说得高一些，让对方获得一种心理平衡感。

而这么说的人多了，也会对被害人形成一种心理暗示：原来这么多人都是这样啊，那我有什么好犹豫的？其实这种找平衡的方式，普通的企业和单位也会对新加入的员工进行，是一种常见心理疏导手段，但其必须建立在事实的基础上。然而传销团伙内讲述的所谓经历，基本都是胡编乱造的瞎话，目的就是对受害人进行心理上的麻醉，进一步卸下其防备心。

第四，偷换概念，许之以利。加入传销组织之后，很重要的活动就是“听课”。这些课的内容是什么？往往是打着“营销学”和“成功学”的幌子，讲一些似乎放之四海而皆准的大道理，比如你以前之所以不成功，是因为懒惰，因为无知……听上去似乎都对，但已经偷换了不少概念，比如把努力奋斗和“发展下线”有意无意相联系等。这种讲课还会利用听者的知识盲点，进行信息扭曲和重新包装，比如把拉人头的骗局，说成“以几何倍增学原理为基础的利润倍增法”，让对营销管理不了解的人听了晕晕乎乎，不明所以，正好给其机会进行催眠暗示和概念偷换。

这些课上，也一样会大谈“成功案例”，举出某某人，在组织中只不过几年，已经升为多么高的级别，每天住豪华酒店，一切费用公司买单。至于那些升到顶级的人，则可以拿到几百万元几千万元的“买断费”，从此享受开游艇满世界潇洒的成功人生……这些话，对于那些骨子里渴慕成功的受害者，会产生相当大的作用，等于给了他一个具体的“奋斗目标”，而这个目标，在传销团伙的架构内，号称是可以实现的，这难道不够诱人吗？在如今这个社会中，又有几个人不会被这种欲望所打动？

第五，褪去道德束缚，诱人作恶。到此时，受害者通常已经一门心思想要“发财致富”了。不过还有最后一个障碍，就是他的道德意识尚存，如果要拉下线，是不是要骗人？这时候，传销组织就会想尽办法让他褪去道德束缚，从被骗者转为骗人者。既然通过前期的培训，已经让人相信加入该组织就是踏上了人生成功的捷径，那么随后就是进一步让人在自我意识中坚信，拉下线属于开发业务，绝不是骗人，而是帮助他人和自己一起走向成功，即使一开始所说的话可能不实，但也属于“善意的谎言”。

在这种强烈的自我催眠之下，受害者便会将这种明显越过道德羞耻界限的欺骗行为视为对他人的帮助，陷入一种“认知失调”的状态。到这时，那个一开始还想着要走的受害人，已经变成了一个一门心思想要拉更多人入伙的加害人。

对此，或许还有人会问：就算这时候受害人的道德观念已被改写，但基本的判断还是有的吧？纸包不住火，在这种团体中待久了，难道还看不出所谓的成功都是骗局吗？那些高等级的经理，难道真的住五星级酒店？大多数情况下还不是和低级成员一样睡宿舍吃大锅饭，为什么没人怀疑呢？这个疑问不是没有道理，但是在一个团体中的时间久了，其心态便会和新加入者不同。

如果你此时已经升级，可并没有得到许诺中的待遇，也明白这是一个彻头彻尾的骗局，但是入局已深，还怎么回头？否则，自己怎么和那些被骗的下线交代？到了这一步，也只有继续演戏。何况发展到了较高级别，还是有不少好处可拿的。

还有更多的人，在传销团伙中时间久了，也没有发展多少下线，没有获得梦寐以求的成功，为什么还不走呢？因为他已经与正常的社会和人际关系脱节了，反而是这个传销团伙内虚假的集体关系能给他一种安心感。这时候如果回到社会，他就是一个彻头彻尾的失败者，骗人骗己，一无是处，而如果留在团体内部，则还可以用“有朝一日飞黄腾达”的白日梦欺骗和麻醉自己，这就是他们执迷不悟的原因。

而这也正是非法传销往往难以破获的重要原因。这些组织内部抱团，集体生活，和外界封闭，不形成规模，经常进行转移，很难事先察觉。而即使察觉，当警方人员对其窝点进行执法行动时，多数“受害者”往往并没有被救的自觉，不但不配合执法人员的解救，反而带有排斥心理，甚至认为警方的做法是在阻碍自己的成功之路，暴力抗法，给执法工作带来了极大困难。

而且，由于传销团伙规模往往不小，在执法过程中，其核心成员往往见势不妙自己先溜，等摆脱警方追查后再重操旧业，另起炉灶，使得其组织始终可以死灰复燃，难以根除。

非法传销为何有如此巨大危害？因为这种骗局以“杀熟”的方式进行，行骗者所欺骗的，往往都是自己的朋友和亲戚。这会从根本上动摇我们社会的信任体系。中国自古以来就是一个以人际关系为基础构建的熟人社会，虽然近现代以来，这种社会结构正在逐渐打破，但依旧有其广泛的根基。

利益驱使，不要在物质中迷失

在多数人的印象里，传销都是在线下进行，严密组织、非法拘禁、限制自由是惯用手段。但随着互联网迅速发展，传销组织的形式也在不断变化，形成了更高级的行骗手段。其中最为典型的，就是“五行币”传销案。

“投资5000元就可成为‘云家人’，否则你将错过几百万”“五行数字货币与官方对接成功，执照已下发”……如果你加入了一个群，群里面出现了大量这样的信息，你就要注意了，因为你十之八九是进入了一个网络传销群。

“只要投资5000元购买5000数字货币，就可获赠五行币一枚，发行上限5亿枚，将来会全面替代纸币，参与者经过五轮持续投资，数字货币就可兑现近410万元……”这样的微信群成员每天都在增多，高峰时一天能新添十多个，个别成员还会在群里推荐“善心汇”“九千兆”“常青树”等“投资”项目，让人眼花缭乱。这便是“五行币”传销案的作案手段。

每天都有大量新人注册投资，后面每注册投资一人，前面会员将获得其投资额1%的“数字货币”，所以大家都抢着先注册。以上还只是静态收益，“五行币”也有动态收益。比如介绍一个人注册投资，就能拿到其投资额10%的现金提成，这叫“推荐奖”；如果推荐两个人注册，可获得额外25%的提成，称为“对碰奖”。这个，便是传销组织设计的“巧妙”手段。

除此之外，传销组织还设计了更诱人的提成方式。根据投资金额大小将会员分为“Y、S、M”三种级别。推荐人的级别越高，奖金就会越多，有时远不止10%，里面的算法像函数一样复杂，各地区也略有不同。

这些奖其实就是鼓励会员多拉下线，每推荐一个新人，便可以拿到1000元“推荐奖”，这时，上线便会忽悠你用这些钱买了“原始股”。此类金融传销虽然打着创新的幌子，借助微信、QQ等社交平台传播，但并没有改变依靠拉人头赚钱的传销本质。相比传统传销方式，金融传销更具迷惑性，通常有静态、动态两种收益。

静态收益是指参与者投资后可以“守株待兔”，传销系统会通过拆分新投资者的钱，给原投资者利息；动态收益也就是“拉人头”，利用层层发展下线来获得提成。静态收益能够在短期内实现虚假的“增收”，掩盖其诈骗行为，而动态收益才是它真正的资金来源，反映出其本质。

实际上，在组织规模不断扩大后，五行币的传销行为并没有局限在网上。

家住北京西城区的孙某，其父母深陷五行币骗局。她向记者展示了一个小视频：辽宁凌源市一所小学正在操场举办活动，小学生们统一身着印有五行币组织标志的服装，口中大喊着宣传口号。

传销组织竟然以慈善之名给小学捐款，再把天真的孩子们当成宣传工具。这些事件表明金融传销的社会危害性并不亚于传统传销，同样会成为影响社会稳定的严重隐患。

互联网金融快速发展，打着“虚拟货币”“互助理财”“股权”旗号的传销也泛滥成灾。特别是比特币的持续热炒，让很多人相信虚拟货币能够迅速升值，以“虚拟货币”为名义的传销更加泛滥，名声比较大的如“恒星币”“亚欧币”“珍宝币”“马克币”等，炒作“新概念”、鼓吹“零风险”、重奖拉人头。

以恒星币为例，该传销组织对外宣称恒星币是“世界十大数字货币之一”，依靠微信来拉人头发展下线，其盈利模式是“上线吃下线的钱”，从“一级矿工”到“三级董事”设立了35个层级，在全国发展会员超过16万人，涉及金额超过2亿元。

相比于线下传销，互联网传销具有更强的虚拟性、跨地域性、隐蔽性、金融性和更具欺骗性等新特点。互联网传销的危害，较线下传销，有过之而无不及。并不是所有“商机”都能让你伸手捞一把。事实上，互联网传销，老路新招，虚虚实实都是坑。

危机意识，会让你避开容易掉进去的陷阱

传销危害如此巨大，所以我们才会说“珍爱生命，远离传销”。但其迷惑性和诱骗性往往使人防不胜防。而其隐蔽性也让目前对传销的执法主要停留在取缔和驱散的层面上，这也是传销屡禁不止的原因。从国家的角度，规范立法，加大打击力度自然是应有之义，但并不能治本。真正有效的，还是每个人从思想上杜绝传销得以传播的土壤。那么，我们如何防止自己陷入传销骗局，其实也并不难。

首先，不要有贪图小便宜的侥幸思想。其实不管是非法集资的庞氏骗局，还是传销这样的“金字塔骗局”，均是利用受害人贪图利益的人性弱点。有句老话说“天上不会掉馅饼”，可轮到自己，每个人却都想被馅饼砸中。有些人对自己的现状不满，突然接到朋友电话，说有年薪几百万的工作机会等着你，也不想想自己是什么水平，立马就往圈子里钻。既缺乏清晰自我定位，又心怀侥幸思想，结果正中骗子下怀。

其次，不要轻信所谓一试百灵的成功学。传销组织往往极力推销自己的成功“经验”，并大言不惭地说只要实行了这一套，不论是谁都可以复制成功，可以解决你所面临的所有困惑和问题。对此应该对事物的复杂性有清醒认识。每个人的知识能力不同，环境际遇也不同，怎能简单复制成功。这种伎俩，不仅传销团体爱用，邪教组织也十分热衷。因此，如果有人向你宣称，如果你相信了一种“信仰”，采取了一种简单的模式，就可以解

决所有问题，获得令人艳羡的成功，那么无论其是以什么名义，都决不能相信。

再次，要建立不可动摇的道德观。有些人轻易被传销组织蛊惑，是因为受到“洗脑”，也是因为自己的道德观念不牢固。我们不应该去听信什么相对主义道德之类的谎言，而是应该明确自己的道德底线。有一些事，比如骗人钱财，是无论什么时候都不能去做的，这是为人处世最基本的底线。谨守这一原则，则传销可不攻自破。

最后，要建立正确的金钱观和价值观。很多人被传销欺骗，是因为他们心底里确实仰慕那些成功者，自己也想过那种豪车游艇，四处逍遥的成功生活。然而他们却忘了，成功岂能只是金钱和财富的积累？传销组织自己不生产，不销售，从不为社会带来什么有益的东西，却宣称自己所走的是成功的捷径，这本身不可笑吗？

成为成功人士，是许多人的梦想。那么什么样的人才算是成功人士？面对这样的问题，许多人会给出不同的答案。我相信，会有相当一部分人的回答是有钱。然而在我看来，真正的成功人士所追求的，不是金钱，而是精神上的满足，有知识、有文化、有善心、知礼节……这样的人，才值得我们尊重。

的确有许多的大老板拥有上亿元的资产，然而与这样的人相关联的却往往是“包二奶”“炫富”之类的字眼。而当有灾难发生，需要援助的时候，他们中有些往往唯恐避之不及。

再转过头看成龙、李连杰、陈光标，他们同样拥有很多钱，但他们是富有爱心、良心和善心的。他们成功后还不忘记去帮助更多需要帮助的人。

财富不过身外物，生不带来，死不带去。追求财富本身并没有错，但要看我们是凭着一种什么样的心态、以什么样的方式去追逐。想象一下拥有了这些财富之后，我们能做些什么。如果本着阴谋和欺骗的心态去攫取财富，却标榜自己有钱之后要做一个慈善家，那何异杀了人再去行医呢?

在一切未发生之前谨慎抉择

非法传销以人际网络为传播土壤，对中国社会的危害也就更大。非法传销会瓦解作为社会基本单元的家庭，动摇社会稳定的基础。传销活动参与者多有相同的经历，就是被亲戚朋友以介绍工作为名，骗到外省市。参与人员中，多数是弱势群体。最后往往妻离子散，家破人亡，有的因被“洗脑”而过分投入，精神接近崩溃。

更令人担忧的是，传销的“洗脑”会侵蚀受害者的道德和法律意识，危害社会的思想信念基础。这种“洗脑”，让人不以欺骗为辱，反以此为荣。传销“培训”出这种不受道德约束的成员，即便组织被取缔，不再从事传销，也已经没有正常人的道德感和内疚感，变得极端自私，唯利是图。这种人的数量如果达到一定规模，甚至会导致社会伦理道德体系的崩溃。

非法传销可怕，让家庭支离破碎，然而更可怕的是人之贪欲。传销之所以大行其道，此消彼长，正是因为人之贪欲不可断绝。

不可否认，于某些人而言，传销的确是一条可快速致富的路子。而这条路子所需要的代价，便是更多人为之垫底。这种模式也注定了传销是金字塔式的增长方式。而最大的获益者，便是金字塔尖的人。这种销售模式成立的条件是理想化的，也就是说，人必须是无限多的，才能保证传销组织不停生长。但这是不可能的，所以传销发展至一定程度，达到人数之极限，便会轰然崩塌。通常也不会出现这种状况，因为传销发展至一定程度，是很容易露出破绽的。

侦查人员也正是因为发现这些破绽，才能侦破一件又一件的大案要案。那么为什么一旦有传销案件侦破时，往往都已是大案要案呢？这点很好理解，因为当传销组织还小时，这些破绽便不是那么明显，甚至不容易被发现。

这个时候，就要发挥民众的力量了。有句话说得好，最好的医生是人体的自愈力。正如许多地方的宣传标语一样，“抵制传销，人人有责”，当我们发现这类现象时，应及时举报，解救受害者于水火。而遇到亲友向你推荐“项目”时，一定不要抹不开面子，这时不但不能入了他们的圈套，而更要帮助他们脱离圈套。

作为个人，我们也要多了解相关知识，提高警惕。抵制非法传销，要做到不起贪念，防患于未然，这也是我们对自己最好的保护，更是对国家净化市场环境和打击非法传销的最好配合。国家在做好传销知识普及的同时，也应制定严厉的防范措施，这样就能有效防止非法传销案件的发生，减少其产生的危害。

第十章 情与法：顺应事态、时代和民心的发展

2017 年 2 月 17 日，曾备受媒体关注的内蒙古农民王力军无证收购玉米被判非法经营罪一案，在巴彦淖尔市中级人民法院再审宣判，改判王力军无罪，王力军案自此尘埃落定。这起案件前后持续时间长达两年，从王力军被一审判决为非法经营罪并被媒体曝光开始，案件的发展无时无刻不在牵动着人们的心。

几经波折之后，法院终于在二审改判王力军为无罪。毫无疑问，这是一个众望所归的结局。此判决一出，不仅被告人自己长舒一口气，社会各界也纷纷为其击掌叫好，并将此案视为中国法制进步的一大标志。

非法收购玉米，并非什么重大案件，而这一案件为何能引发如此多的关注呢？仅仅是因为媒体的宣传？是否有更深层的原因？该案件的改判，为什么会被公众认为是法制的进步呢？是舆论的压力造成法院改判，还是初审判决有违法律规定，从

而被驳回呢？它与我们普通百姓，又有什么密切关联？为什么说王力军改判无罪，是一个众望所归的结局？

一个小小的玉米案背后究竟有怎样的故事，反映出了公众怎样的心态，又显示出当今社会的司法体系走向如何？这起玉米案，是值得我们细细探究一番的。

在这起案件中，社会大众的关注焦点，不仅仅是在最后二审改判王力军无罪上，更为人们所津津乐道赞不绝口的，是国家粮食局在此事上升为一个具有一定影响力的社会事件的时候，果断地选择了修改早已过时的相关规定的做法。这种做法，为今后类似的案情提供了一个良好的先例，充分说明了我们的社会信奉的是法治主义，不是“法条主义”，不论什么时候什么情况，法律的威严，都是以守护人民群众的实际权益为大前提的。

及时修正，培养无须他人指点的自觉性

本案被告人王力军，是内蒙古巴彦淖尔市的一名普通农民。2014 年起，为了改善家庭生活，他与妻子合计下来，决定跑村串户收购玉米，借此方法多一份收入。也就是担当玉米收购环节中的一个中介，俗称“玉米贩子”。其实在中国广大农村地区，类似的贩子有很多。他们起到了联通农户与市场的纽带作用。

王力军夫妇以每斤 0.94 元的均价向农民收购玉米，再运到镇上，以每斤 1.09 元的均价卖给粮油公司，赚取差价。为什么农民不自己将玉米卖给粮油公司？一方面，因为农民自己的玉

米批量较小，拉到镇上不方便，另一方面，农民自己的玉米脱粒机品质不高，脱出来的玉米粒太碎，而“玉米贩子”有大批量的脱粒机，脱粒质量更高。因此，这种中间商还是很受当地农民欢迎的。从 2014 年 11 月到 2015 年 3 月，王立军通过转卖玉米，赚了 6000 多元钱。挣得不算多，但多少能补贴家用，一定程度上改善了生活。谁知天有不测风云，就这么一点收入来源，也被掐断了。

2015 年 2 月 15 日，王力军收到了巴彦淖尔市临河区公安局的传唤。对于自己为何遭到警方传唤，王力军很是茫然。直到去了公安局，他才知道自己竟然犯了“非法经营罪”。王力军对此“罪行”感到十分惊讶和无措，因为他只是一个地地道道的农民，压根儿就没有听说过这样的罪名。

这样的小贩也不少，警方为什么偏偏盯上了王力军呢？原来 2014 年年底时，他在收购玉米过程中因为计量问题与人发生了争执，对方就把他给举报了。警方介入调查后，很快就发现他未办理过粮食收购许可证，也没有经粮食主管部门许可及工商行政管理机关核准登记颁发的营业执照，属于擅自无证照经营违法收购玉米，王力军就这样摊上了官司。面对突如其来的罪名，王力军只能选择自首并退回“非法所得”。尽管如此，在 2016 年 4 月 15 日，王力军还是被巴彦淖尔市临河区法院以非法经营罪判处有期徒刑一年，缓刑两年，并处罚金两万元。

直到判决书下达，王力军还是不明白自己通过买卖玉米赚点差价怎么就成了非法经营，但好歹是缓刑，不用真去坐牢。

本来就没有赚到多少钱，再加上额外的罚款，前前后后还赔了好几万元。出于中国农民自古就有的“畏官”心理，再加上对当今社会法制的信任和维护，所以王力军尽管感到十分委屈和不解，也没有选择上诉。只是从此以后，王力军就断了靠收玉米发财致富的念头，那些买来的脱粒机和小货车，也只能锁在院子里晒太阳生锈。

对于一个本就不富裕的家庭来说，王力军一家今后的生活会怎样我们无从知晓，他和家人，以及邻居，又会因为这件事而受到什么样的影响，我们也无法预测，我们唯一能做的，就是还他一个公平，让这个社会的法制对得起他的信任。这是所有关注着这件案子的普通老百姓的心愿，也是所有不辞辛劳地持续报道这次事件的媒体的心愿。而这种心愿，正是王力军案能引起如此多的关注的原因所在。

所以这虽然是一个很普通的案例，也许在中国已经发生过很多次。但这次，情况有了改变。虽然一审宣判后，王力军并未上诉。但这一案件经多家媒体曝光后，引发众多争议，迅速由一个普通刑事个案上升成为引起社会广泛关注和热议的公共事件。许多专家认为，这一案件是相关制度规定滞后于社会发展，两者产生脱节的典型反映，应该以此为契机，推动司法变革。

2016 年 12 月 16 日，最高人民法院指令巴彦淖尔市中级人民法院对这一案件进行再审。最高人民法院认为，王力军没有办理粮食经营许可证和工商营业执照而进行粮食收购活动，虽然违反了国家粮食流通管理有关规定，但其行为尚不具备社会危害性和刑事处罚必要性，原生效判决在适用法律上有错误。最终，2017 年 2 月 17 日，法院改判王力军无罪。而且，在该案引发社会热议之后，国家粮食局也修改了《粮食收购资格审核管理办法》，明确规定农民、粮食经纪人、农贸市场粮食交易者等从事粮食收购活动，无须再办理粮食收购资格的相关证照。也就是说，王力军以后终于可以光明正大地开着他的二手农用车挨家串户收购玉米了。

至此，这起案件算是有了一个圆满的结局，但它的影响，却远不局限于案件本身的影响——它引起了我们对当今社会法与情的矛盾的反思，它反映出了我国在法制教育方面存在的问题，它促成了司法机构对尚不完善的法律法规的适当修改，进而促进了法制进步。所有这些，都在传达着一个共同的主题，那就是我们要建设一个法治社会，更要建设一个真正是为人民服务的法治社会。

成长性思维：从问题的本质出发，解决而非制造

看到这里，有些读者可能会不解：之前谈到非法校园贷，再到丽江打人事件，强调的也是建设法治社会。依法治国的关键，不就是要做到“有法必依，执法必严”吗？而王力军的行为，确实违反了粮食管理有关规定，那就应该“违法必究”啊。这两者为何互相矛盾？为什么改判无罪，反而体现法制进步呢？其实，这正取决于我们用何种目光看待法律。

我们讲“依法治国”，当然要强调和维护法律的权威性，但是也应该看到，法律并不是什么“至高无上，绝对不会犯错”的权威，而只是一种工具，有其局限性。正如世界上所有准则一样，法律，也应该因时而异、因地而异。不同国家的法律往往不同，而重要的是，同一个国家同一个地方的法律，在不同时期也有很大的不同。

中国致力于法治社会的建设，最早应该可以追溯到秦国的商鞅变法。从那时起，历朝历代的法律就是在不断地修改中进步完善的，而当今社会的法制改革，也正是法治社会建设的一环，是使法律更为完善更为合理的众多过程中的一个。

法律创立的初衷，就是让人们生活在一个公平正义的社会，它的定义，始终应该是用来维护人民利益和社会安定的工具。所以在王力军案发生之后，法律中相关条文并不再适用于当今社会的问题就凸显出来，而改判王力军无罪，才能体现法律维护广大人民切身利益的根本目的，所以这正是法制进步的体现。

法律有漏洞可钻，有些人做下伤天害理之事却可以逃脱法律的制裁，各国的黑社会分子，都熟谙如何游走在法律边缘，不触犯法律却达成自己的罪恶目的。法律的“程序正义”，未必和人们心中的“实际正义”相符合，与“情理”更是有冲突，比如摆气球射击摊的大妈，因为非法持枪竟要入狱，这和多数人所认定的道理都不符合。

法律也一样会有错判，比如2016年同样引人关注的“聂树斌案”，便是多年错判的平反。而在本案中，着重体现的是法律的实效问题，是法律规定与现实情况的脱节。

当然，情与法的冲突，不是一朝一夕的事了，自有法以来，情与法的矛盾，就没有停过。王力军是一个地地道道的农民，他贩卖玉米，不过是想用自己的劳动多赚点钱，补贴家用。可是惹上官司之后，按原有法律来判，他不仅分文不赚，还要罚款几万元，这对一个本来就不富裕的家庭来说无疑是晴天霹雳。最重要的是，他的行为，正是我们中华民族几千年来一直视为优良传统的自力更生的精神体现，这样一个人遭遇如此噩运，怎能不让人心生怜悯，怎能不让人有法律不公之感?

诚然，法不容情是无可厚非的，但当这种“情”不再只来自一个人两个人，而是来自整个社会和广大人民群众的时候，我们就应该想一想了，想想法律相关规定是否存在漏洞，是否已经不合时宜，想想在这种情况下的“违法必究”，究竟是在维护依法治国的政策，还是在迂腐地墨守成规。

我们再回到案件本身来看。对王力军的量刑依据的是《刑法》中的非法经营罪，其中有两处表达是耐人寻味的，一个是“违反国家相关规定”，另一个是“扰乱市场秩序，情节严重”。先看第一条，我们说王力军违法了，是因为他并未按照国家粮食管理流通规定，办理粮食经营许可证。所以他确实“违反了国家相关规定”，但是我们应该看到，相关规定，是几十年前颁布的，属于“计划经济”时代的遗物。计划经济时代的专营制度下，政府需要将所有渠道都严格置于自己掌控之下，所以会设立严格的准入资格，然而时过境迁，如今早已不是计划经济时代。

自党的十一届三中全会吹响改革开放号角以后，市场经济逐步成形。在农村中，从包产到户，到闲置劳动力进城，农地集中化，包括分工合作的出现，都是市场“看不见的手”调控作用下自然而然发生的现象。到党的十八届三中全会，政府更进一步提出，肯定市场在资源配置中的决定性作用，在市场可以发挥良好作用的情况下，国家不宜过多干涉。这可以说是政府在从计划经济转型到市场经济的过程中，对自身定位调整的明确表述。由此我们就基本可以确定，某些法律规定存在着不合时宜的地方，应当相应地采取措施。

具体到王力军一案，当地的农产品流通渠道，其实已经自然形成。农民负责耕作，而粮食经纪人负责收集、初步加工和运输，并赚取差价。这种行为“扰乱市场秩序，造成严重社会危害”了吗？显然没有。相反，在玉米丰收造成阶段性过剩的情况下，这种行为不但未损害农民利益，也没有破坏粮食流通秩序，反而节省了他们的运输成本，提高了收购品相，所以受到农民欢迎，体现了更高的资源配置效率。在这种情况下，还死抱着老旧的规定，说这些中间商违法，显然不合时宜。

法院初审时对王力军的判决，本意是维护市场秩序，可实际上却打击了市场参与者按照市场规律进行分工的积极性，扰乱了市场秩序，是欠缺考虑的。何况，王力军并不是当地唯一的“玉米贩子”。据他所说，巴彦淖尔市从事玉米收购的个人，大概有一千多，谁都没有办证。如果说王力军的行为违法，那其他人呢？为何不惩治？这种情况下，一审判决不但无法维护法律的权威性和公正性，反而削弱司法机构的公信力，是得不偿失的。其一审法官在接受采访时辩称“因为涉案金额较大，所以认定为严重扰乱市场秩序”的说法也是死抠法律条文。

王力军一案的涉案金额20多万元，确实不小，但是这在很大程度上是由于中介交易导致的账面进出而已，其实际获利只有一万元不到，怎么谈得上“严重扰乱市场秩序”？这种不顾实际情况，仅仅着眼于法律条文本身，并认为实际情况要屈从于法律解释的做法，正是“法条主义”的特征。

这种主义的错误何在？就是没有意识到，是法律反映社会，法律为社会服务，而不是相反；法律的目的是解决社会问题，而不是构建一种“形而上”的封闭自洽的规则体系，然后用现实社会去“套”这个体系。其结果，往往导致法律判决与公序良俗的冲突，这对于法制而言，实在是得不偿失。所以王力军案，一审判决结果，并未体现法律为人民服务的初衷，恰恰相反，它让法律成了阻碍社会进步，损害人民实际利益的教条。

而在王力军案审理过程中，国家粮食局面对社会争议，主动修改了管理办法，明确此类收购行为不再属于违法，可谓从善如流。这一案例对司法界的影响也是深远的，因为一个个案而导致对相关法律规定的修改，体现的是法治的“与时俱进”，而不是陷入“法条主义”的僵化思维中。随着社会的进步，相关法律规定也应该及时修正，完善自身，弥合法律和情理之间的冲突。如此，才能实现真正的“依法治国”，让你我这样的普通人感受到法律的公平正义。

信息不对称是产生隔阂的第一要因

此案中有一个重要的问题不得不提，那就是法律的普及问题。事实上，直到判决书下来的时候，王力军对自己究竟为何犯法，犯了什么法，都还是一知半解。在中国古代，一向有“不知者无罪”的传统，虽然在当今社会，不能用这样的理由来挑战法律的权威性，但是我们应该看到，法律教育的缺失，是整个国家和社会无法回避的问题。

在农村地区，农民文化水平普遍较低，学习能力有限，对新思想新事物的接受力有待提高，而执法部门在普通老百姓的眼里，又向来是“高高在上”的官家。这种种原因，造成了掌握着法律的执行权和解释权的阶层与普通老百姓阶层的隔阂，从而让法律的普及和教育，成了法治社会建设中的一大难题。

其实，不只是广大农民不知法，社会上大部分人对法律的了解都十分有限，除了专业人士以外，很少有人有接受系统的法律教育的机会，人民不知法的局面，已经成了全社会普遍存在的问题。

因为百姓对法律的不了解而产生的问题，也是不胜枚举。例如，国家因修建工业设施而需要拆迁占用土地房屋的时候，经常与住户协商不好，一个重要原因就是有一部分住户对国家法律法规的不理解不了解；在我国的青少年犯罪中，绝大多数犯罪者，都并不了解法律法规，缺少畏惧，从而走向犯罪。

在这件案子中，王力军也是法律教育缺失的受害者。首先，他并不知道在《刑法》中有这么一条关于非法经营罪的规定；其次，他也不知道要去办理相关证件才能从事贩卖玉米活动的法律规定，更不知道该到哪里去办这些证件。也就是说，对于他所违反的法律，他一无所知。我们可以合理地假设，假如他知道这些法律规定，了解这些法律条文，那肯定不会知法犯法，就不会有非法经营的罪行。所以王力军案，确实反映出当今我国社会法律教育急需加强的情况。

法制教育不同于普通的文化教育。普通的文化教育，在学校里就可以进行系统的学习，而生活中更是处处都有用得上的地方。而法制教育缺乏专业的人才，在日常生活中的使用面也远不如普通的文化教育，倘若大规模地将法制教育列入学校文化教育的课程，又不太符合中国当今的社会现状，不适用于目前的中国。

话虽这样说，但这并不意味着我们要放弃法制教育的普及和深入，对当前法制教育存在的问题听之任之。那么在这个问题上，国家又做过哪些尝试，有过哪些措施呢？法制教育的加强又该从哪些方面入手呢？

当今社会，新闻媒体电视广播的传播速度十分惊人，网络极度发达，所以国家正尝试通过这些媒体来加强普法力度，像中央电视台的普法栏目、法律讲堂等就是通过电子媒介传播法律知识的例子。而在这次案子中，媒体和网络的作用也是不容忽视的。

案件发生后，经媒体曝光，很快便在网上传播开来，而广大网友纷纷就此事发表自己的看法，出计献策，交流自己所知道的法律知识，主动上网查询专业知识，而一些专业人士也被带动参与到对法律的讨论中来，无形中创造了人人参与普法的有利局面，对法律的普及和教育十分有利。

任何事情都有两面性，切忌以偏概全，要从不同的角度来全面看待，王力军案也是如此。一方面它确实反映出我国法制教育存在的问题和由此产生的危害，而且事件的主角正是法制教育普及存在死角的受害者，更加深了群众和社会对此的认识和感受。但另一方面，它既然让社会意识到了这个问题，就会推动社会普法教育的发展，进而解决这个问题。而且它还提供了一条途径，那就是通过网络，人人参与普法，共同学习法律知识。尽管目前社会的法制教育尚不尽如人意，但是教育问题是一个大问题，非朝夕之功，只要我们坚持推进法治社会建设，坚持依法治国，坚持普法授法，全民知法的时代就终会到来。

精准定位，在适合的时刻做适合的决策

在王力军一案中，媒体和社会公众都发挥了自己的作用，那政府在此案中，又扮演着什么样的角色呢？我们前面提到，政府放开对粮食经纪人的办证管制，是有一定好处的。那么这是否意味着政府什么都不用管了？当然不是。

我们提倡放开管制，是为了充分调动和发挥市场的引导作用，优化资源配置。但是在市场活动中，也会出现扰乱市场秩序，危害社会安全的行为。比如在农作物收成欠佳时，通过大量收购囤积居奇，牟取暴利的行为。遇到这种行为，有关部门当然需要严肃查处，依法维护市场正常秩序。这本身也是对法制效率的提高。

所以，其中的关键，就是在社会主义制度市场经济条件下，政府如何对自己的职能进行定位。对此，习近平总书记在 2015 年 11 月中央政治局学习会议中明确指出："我们要坚持辩证法、两点论，继续在社会主义基本制度与市场经济的结合上下功夫，把两方面优势都发挥好，既要'有效的市场'，也要'有为的政府'，努力在实践中破解这道经济学上的世界性难题。"

为什么说"有效市场"和"有为政府"二者缺一不可呢？强调"有效市场"是吸取以往计划经济的教训。在某些领域，特别是市场可以进行有效配置的领域，政府应适当放权，激发市场活力，充分发挥市场在资源配置方面的优势，这是几十年计划经济挫折所带来的深刻教训，也是当今经济学界的普遍共识。

早在 18 世纪，现代经济学之父亚当·斯密便在其《国富论》中提出"政府的角色应该是守夜人"。何谓"守夜人"？就是只负责守护社会，保障公平，并提供公共服务。用现在的话讲，就是政府要从计划经济时代亲自下场的"运动员"，转变为市场经济时代的"裁判员"。政府这只"看得见的手"不能伸得太远，管得太多，这样才能让市场这只“看不见的手”显现作用。

政府的主要作用，就是为现行市场提供一个可以公平交易、自由发展的保障。我们针对政府职能所说的市场，并不单单指经济市场，它可以泛化到整个社会。社会的运转有它自己的规律，如果政府事事都管，什么事都要严格地制定一套准则或规矩，就会平添许多本不必要的周折，反而阻碍了市场的自由发展，有害无利。

但这绝不意味着政府就此“放手不管”，因为市场本身也有运转不灵的时刻，也一样会有各种不公和扰乱市场秩序的行为出现，对此，政府只有充分行使自己的“裁判”权力，才能保证市场有序健康运行。两者相辅相成，社会才能和谐发展。

政府是执法部门，是公众伸张正义和社会运转的枢纽所在，政府的公信力，直接影响到法治社会建设的进度，它的规章制度，应该在职责允许的范围内，尽可能地多为人民考虑，这样才能“有效市场”与“有为政府”二者兼顾，实现政府的真正职能。

而政府是否具有公信力，是否能承担起社会枢纽的责任，往往取决于基层干部是否能将中央的政策和规定落实到底，是否能真正做到为民无私，是否能真正做到设身处地地为广大人民群众考虑。

在王力军一案中，当地政府要求办理经营许可证等证件之后才可以经营，这完全符合法律法规和社会情况，是“有为政府”的体现。但是，对于农村地区的特殊情况，政府是可以考虑适当放权的，因为在这些地方，并没有城市里规范统一的大型机械化生产，各家各户的农产品比较分散，所以像王力军那样的转运商们反而更受欢迎。

而政府在并未实行这种显然更有利于农村经济发展，更符合农村当地实际情况的政策的情况下，也没能将办理经营许可证的相关法律规定通知和宣传到位，对农村市场缺乏有效监管，致使王力军在不知情的情况下触犯了法律。这正是政府没能将“有效市场”和“有为政府”兼顾起来的结果。

简化流程，把焦点放在更值得关注的层面

有些人可能会问：我也不是什么粮食中间人，玉米案和我又有什么关系呢？这么说吧，虽然在本案中，修改的只是粮食收购相关的规定，但是这其中却能看出中央政府深化体制改革的决心。

王力军案之所以被看作中国法制进步的一大标志，最主要的原因就是，有关部门从这次案件中看到了现有法律的粮食收购方面的规定已经不适应现代社会后，毅然决定修改法律，这背后无疑有中央的大力支持。但纵观法制建设过程中的每一次改革，几乎都是因为时代的改变，旧的规定不再适用，那么如今的法律改革，就不仅仅是因为政府和中央的支持，更是一种历史趋势，是社会各界人士的共同心声，是顺应时代民心的一大壮举。

中国改革开放三十多年来，取得的成就举世瞩目，但暴露的问题也不少。“审批过多”就是一个重要问题。比如本次事件中，一个小小的粮食经纪人都要按规定办证，否则就是违法，更何况其他的呢？对此我们平时其实也深有体会，不要说自己开公司办企业，就算单位要办个手续，个人也要被有关部门像皮球一样踢来踢去，各种步骤繁琐不堪。对于市场而言，这其实有很大害处，打击参与者的积极性不说，更会扼杀可能的创新。为什么？因为过于严格的审批制度等于是政府在挑选市场参与者，而没有让市场本身发挥其职能。有人直言，为什么中国出不了像乔布斯这样的人物，就是因为严格审批制度对市场创新的制约。

庆幸的是，中央已经意识到了问题所在，并积极实施了相关对策。自党的十八届三中全会以来，“精简审批流程”已经成为全国共识，并在各地迅速推行。王力军的案件，本是一个不起眼的轻刑事案，却能在被告人未上诉的情况下，引起更高部门的重视，并为此修改了相关规定，这难道不正因为有关部门的重视吗？相信随着改革的进一步深入，以往的审批制度，将被更为公开透明高效的“负面清单”制度取代，这对市场参与者而言，无疑是一大福音。

对王力军来说，这种改革的效果是立竿见影的，对我们普通人来说，这或许是一个更为久远和深刻的过程。而问题是，我们普通人并不是每天都有事情需要走这种本来繁琐而现在简单的流程，改革也不见得制度一制定下发，就可以落实到基层，所以要让我们普通人感受到这种便利，可能需要一个缓慢的过程。

这种福音远不仅体现在办事更方便上，更重要的是，个人开办企业和创业的门槛将大为降低。不仅注册资本限制放开，其他各种限制，如地点、行业等，也有望进一步放开。流程的简化也将为创业者省去不少奔波劳苦，让他们把更多精力用在创业本身，去更好应对市场竞争和考验。

本次“玉米案”风波，之所以能被最高人民法院注意到，并最终勒令再审，社会舆论的作用是不容忽视的。现代社会是一个信息化的社会，网络发达，信息传播速度之快，与几年前已不可同日而语。中国立志建设一个法治社会，而法治社会的关键，在于执法部门是否能一心为公，秉公执法。

倘若执法者腐败，那么法律就会成为颠倒黑白、混淆是非，冤枉好人、放过坏人的最好工具，法治社会的建设更无从谈起。执法者腐败的关键原因，又在于权力缺乏监督。执法者既然是执法为民，那么就理应受到社会民众的监督。

当今社会，舆论是一把双刃剑，“水能载舟亦能覆舟”，我们要善于利用舆论的积极作用，监督执法部门和执法者。从大的方面来说，是要为法治社会的建设添砖加瓦，出一份力；从小的方面来说，就是要为我们自己的合法权益巩固城防，确保我们可以享受到法律公平、公正的待遇。

我们反过来想想，如果这次的案件并没有被媒体曝光，社会也没有注意到，那么会是怎样的结果呢？最有可能的结果，恐怕就是在一审判决生效之后，王力军罚款赔钱，从此之后断了收购玉米买卖交易的念头，案件到此结束，再无后文。

是的，王力军只是一个普通的农民，在他之前，又有多少农民因为类似的事情而受到不公正的待遇呢？我想肯定不会少，他只是其中比较幸运的一个。这难道不值得我们对当今社会司法体制缺乏监督的局面进行反思吗？

我国是一个民主国家，民主体现在何处？我们人民是国家的主人，就有权利对司法部门进行执法监督，而有关部门也应该广泛收集大众的看法，推动法律的完善和进步。倘若执法者执法为民，监管者监管为公，法治社会离我们还会远吗？

当然了，执法部门倾听广大人民群众的意见，不代表要无条件地妥协退让，合理的建议要从善如流，无理的要求要坚决抵制；人民群众监督执法部门也不意味着就可以为所欲为，我们要在自己的合法权利的范围内，用正确的文明的方式，监督执法，为社会法制建言献策。只有“官民”亲如一家，执法者和社会公众通力合作，才能共同建设一个和谐的法治社会。

政府将“有效市场”与“有为政府”并重，是建立法治社会的重点步骤。我们建立法治社会的目的，不在于法制本身，不是为了让这个社会成为一个人人敬而远之的社会，不是为了用法律来禁锢人们的行为思想的自由，以达到太平盛世的假象，而是通过法制实现公平公正，实现社会的蓬勃发展。

所以，法制建设只是手段，是为整个社会的进步而服务的。为了跟紧社会发展的脚步，一方面要对尚未立法的空白之处尽快加以立法，补上漏洞，例如《中华人民共和国网络安全法》的颁布实施，就是典型例子。同时，要对已有法律中已经落后，与现实状况脱节之处，及时进行修改，以使其不违背立法初衷；对与人们随着时代的发展而改变了的价值观相悖的规定，重新进行审视。也唯有如此，“法制”才能真正为和谐社会保驾护航。

第十一章

找准着力点：小处着眼，才有大局观

“十年前的今天，我拼着命生下了儿子；十年前的今天，儿子拼着命来到我身边。每对母子都是这样拼着命才能相见，可是我却没有保护好他。”2016 年 12 月，一篇名为《每对母子都是生死之交，我要陪他向校园霸凌说 NO》的文章在网上广泛传播，一时间引爆了微信朋友圈，更引起了人们的热议。

文章作者称，自己是一位母亲，儿子是中关村二小的学生，刚刚满 10 周岁，在学校遭遇了校园霸凌。儿子怕被嘲笑不敢告诉老师，回家后她从孩子异常的情绪中察觉到了端倪，从孩子口中探问出了事情的来龙去脉。这件事在孩子的心中留下了难以磨灭的阴影，孩子因此患上了中度焦虑、重度抑郁。

这位母亲还谈道，当自己与施暴学生家长和班主任沟通，试图妥善处理此事时，对方家长却轻描淡写地将这一校园霸凌事件定义为“小孩子淘气”，老师也简单地定性此事为“开了一个过分的玩笑”，甚至责怪孩子没有及时告诉她，教育部门也尚未作出回应。面对校方的冷漠和不作为，这位母亲只好将此事著以文章，希望能够以自己的绵薄之力唤起社会各界对校园霸凌现象的重视。

文章一出，刷屏微信朋友圈的同时也引来广泛关注，与此同时，“校园霸凌”一词也再次出现在公众视野，更是成为了2016年底各大网络平台出现频率最高的热搜词。曾经只是在外国连续剧中看到的“校园霸凌”，如今却越来越频繁地发生在我们身边。

置身其中才更能感同身受

本次事件曝光，最初便是因为受霸凌者的母亲在网上的那篇发文。文中提到自己的儿子被男同学欺负，在厕所被人用装厕纸的垃圾筐扣在头上，一身屎尿，备受刺激，被医院诊断为急性应激反应。然而，在事实面前，对方家长却始终对她公开道歉的要求进行搪塞，老师也认为这不过是小孩子之间开玩笑。

面对老师和对方父母对此事漠不关心的态度，她感到十分愤怒。此后，孩子的父亲向教委申诉，希望能够讨回一个公道。而校方相关人员在接到教委通知后，反而恼羞成怒，斥责家长过分，声称孩子在学校受伤就该学校管，家长不可以有意见；还痛斥他们要求对方家长道歉的行为是不对的。

文章一发出，立刻被广泛转载，网友纷纷对此事做出了评论，一时间，中关村二小陷入舆论的水深火热之中。不过，就像很多互联网新闻事件一样，本次事件也很快迎来反转。有人在网上称，那个所谓被霸凌的学生其实是小班长，通过教委直接安插进来的，学过空手道，平时也会欺负别人。

这次的事件，其实是他撒尿的时候不小心尿到别人身上引发的。而写这篇文章的这位母亲是从事影视编剧工作的，想象力丰富，发这篇文完全是博取舆论同情等。也有人开始就受害者家长要求对方家长当着孩子面道歉的诉求是不是合理提出质疑。

可接下来，又有消息称发布这些反转消息的是学校内部人员，是一位自称该校教师家属的发帖，真实性存疑。于是又有人开始质疑“不小心尿到别人身上”这种说法是多么荒谬。这一切就如同之前发生的“罗尔事件”一样，充满了各种一面之词，反转素材，小道消息……真真假假，莫衷一是。事情一时间变得扑朔迷离，好像每一方的说辞都是精心设计好的台词，旁观者陷入其中，只能做个“吃瓜群众”。

相对于现实社会的唇枪舌剑、正面交锋带来的冲突和潜在危险，网络是一个相对隐蔽的平台，人们可以随心所欲地发表言论，不用担心自己的身份被发现，毕竟“人肉搜索”也要付出一定的精力。有些人却忘记了“没有调查，就没有发言权”这句话，明明自己没有亲身经历过的事情，因为其他人的片面之词，就开始倒戈，摇摆不定。网络在给人们带来言论自由的同时，也使人们渐渐丧失了独立思考的能力，盲目跟风。

关于此事的来龙去脉，网络舆论众说纷纭，但好在同样的情况不是第一次上演，所以多数看客的表现还算比较理性。几轮反转下来，大家并没有继续纠缠一些细枝末节的情况是真是假，而是更加关注霸凌事件是否真的存在这一问题。表面现象背后隐藏着的事情的本质，远远比发文母亲是不是影视编剧更重要。如果这位母亲是真的在书写事实，力图还原真相，难道文笔好一点儿也算有错？

对于此次事件，有三个关键问题有待考证，而解决了这些问题，便可以对事情的真相有一个更深入的认识。

首先，这到底是一个开过头的玩笑，还是霸凌？和大多数人的声音一致，我认为这个行为的恶劣程度已经完全可以称得上“霸凌”，这一点是毋庸置疑的。试想一下，如果有人将混杂着屎尿的垃圾桶扣在你头上，你还能心平气和地跟他交谈，并且认可对方说的这只是一个玩笑？

况且，这样的行为对于被霸凌者而言，已经严重伤害到了他的自尊，并对其心理造成了打击，不是简单的小打小闹了。如果这样的行为被简单地描述为一个“开过头的玩笑”，而不去加以制止的话，相信更多的孩子会去效仿，然后以“年纪小、开玩笑”为理由逃过问责。这样下去，校园霸凌的悲剧会持续发生，甚至会引发更大的闹剧。

其次，这是普遍现象还是个别现象？就像大家所了解的一样，校园霸凌现象已经不是个例。或许我们所处的环境比较安全，就忽视了在我们目不能及的地方，有些孩子正在遭遇着欺侮霸凌，却敢怒不敢言。我们每天刷微博、看新闻的时候有时会看到这样触目惊心的消息，花季的少年少女因不堪受辱，早早结束了生命。

在全国各大中小学校园里，以强凌弱的现象时有发生。本次事件只是恰好被曝光了，直接进入了大众的视野中，才引起了众怒。而那些无处控诉的被霸凌者，他们只能继续躲在角落里抽泣。校园霸凌这一现象是客观存在的，不能因为我们的眼睛没有看到，就自欺欺人地粉饰太平。我们的冷眼旁观，只会助长校园霸凌的歪风邪气。

最后，校方的态度和处理方式有没有问题？我认为校方的推诿逃避和无作为，造成了校园霸凌事件负面影响的扩大化。学生之间出现了问题，校方第一时间考虑的不是解决问题，及时地对学生进行引导，而是推卸责任，甚至把责任推给受害者的父母。

另外，学校管理者并没有意识到这一问题的严重性，而只是将之当成“学生争执”淡然处之。在这种认知前提下，学校没有建立专门的欺凌预防、介入和应急处置机制。老师的态度更是令人心寒，竟然将此事简单地解释为小孩子之间的玩笑，这会让霸凌者认为自己做的这一切都没什么不妥，今后可能会将“魔爪”伸向更多无辜的孩子。相较于校园霸凌的存在程度，我们的学校显然还未形成一套与之对应的标准化的处置方式。

其实在中国，校园霸凌现象存在已久，近几年校园霸凌的恶劣程度也在不断加深，网络的兴起和快速发展，让这些现象被越来越多人看到，这才使其渐渐成为一种被大众普遍关注的社会热点。然而对校园霸凌发生的根本原因和根本的解决办法，却一直都没有一个定论。

未成年人的心智还不够成熟，世界观、人生观、价值观都尚不健全，缺乏道德意识和法律常识。遇到口舌之争的时候，总想着以暴力的手段加以解决。遭遇校园霸凌的孩子，往往因为性格原因选择忍气吞声，把事情烂在肚子里，有些甚至因为无法忍受而伤害了自己，最后只能落得“亲者痛，仇者快”。施暴者图一时之快，却给受害者留下了心理阴影，甚至会影响其一生。校园霸凌是滋生未成年人犯罪的温床，如不及时阻止、教育或惩治，这些年幼的孩子难免走上歧途。

你不在意的通常最具攻击性

“霸凌”这个词，英文叫 Bullying，翻译成中文，既有点音译又有点意译。这也符合我们意识中对校园霸凌的认识：一个比较陌生的舶来事物。一直以来，我们知道日本的校园霸凌现象十分普遍，各种动漫和电视剧对此均有反映。

根据定义，霸凌其实就是存在于校园中的，因为学生权利和力量不平等而导致一方所受到的欺凌和压迫，既可以是肢体语言攻击这样的“热暴力”，也可以是人际关系排挤这样的“冷暴力”。这种欺凌往往不是偶发的，而是具有长期性，受害者多数情况下会出现恐惧、消沉、抑郁、忧虑、胃痛、厌食等症状。

严重情况下可能导致创伤后遗症、人格分裂、人格扭曲、价值观错乱、失去对人性的信任等。而且，霸凌的危害不仅体现在受霸凌者身上，施加霸凌者也会受到负面影响，其成年后的犯罪率和酗酒比例都高于社会平均值。考虑到校园霸凌发生时受害方还处于成长期，这种危害可能会影响到他的一生。

既然霸凌的危害性如此巨大，而且霸凌就在我们身边，可为什么我们却感觉这是最近几年刚冒出来的现象呢？这是因为，在中国的各项法律法规中，长期以来并没有对“霸凌”这个说法作出明确的界定，这使得所谓的霸凌和学生之间开玩笑打闹并没有明显的界限。

学校方面不重视，家长缺乏相关的心理知识和应对手段，所以遇到类似情况，往往是“大事化小，小事化了”。在中关村二小事件发酵以后，不少网友在网上留言称自己小时候也遭遇过类似情况，只是学校不当回事，家长也不觉得有什么大不了，所以到最后往往也是不了了之，现在想想，才知道那种情况对自己影响很大。

这其实就是霸凌在中国的真实一面：看似遥远，其实一直在我们身边，只是我们不知道罢了。那么，为什么一直暧昧存在着的霸凌，近些年开始层出不穷，屡屡成为新闻焦点呢？答案也许是时代已经改变了吧，而这种改变是多方面的。

第一，在这个信息爆炸的时代，青少年接受信息的渠道越来越多，而且很多时候都是在被动地接受。互联网和新媒体的迅速发展，在给未成年人带来了更多知识的同时，也给他们传递了各种各样的“文化垃圾”。大量充斥着血腥、暴力的网络游戏进入了中小学生的日常生活中，成了他们学习之余的消遣娱乐。而这个年纪的孩子，缺乏对各种文化的辨别能力，大都喜欢模仿。他们往往喜欢把在武侠小说或者网络游戏中学到的“招式”，施加到身边的弱小同学身上，并且乐此不疲地捉弄同学，来获得心灵的满足。

第二，校园霸凌的频繁发生，很大程度上与学校和家长对孩子的教育失当有关。在当今这个快节奏的时代，孩子接受的教育往往是“唯成绩论”，学校和家长往往忽视对其进行人格和道德上的教育。于是孩子就会产生一种错觉，认为只需好好学习就行了，其他方面不管自己做什么都会得到原谅。在学习成绩的重压之下，这样的孩子性格乖张暴戾，于是就把不好的情绪都发泄在了比自己弱小的同学身上。

学校的职责除了教书，还要育人。一个人的品德，对他一生的影响，比能力还要重要。当今的学校教育，只重视学科知识的灌输，而轻视情绪辅导、性格引导，学校教育模式的这种倾向，很大程度上加剧了校园霸凌的频发。

第三，比霸凌本身更可怕的，是周围人的冷漠。霸凌现象出现后，大多数人在这个时候不是挺身而出匡护正义，而是选择明哲保身，睁一只眼闭一只眼。在一些校园里，教师很少会对“被欺凌学生”的投诉加以重视，也没有对那些长期施暴的“危险学生”进行批评教育和事前干预。

当霸凌事件发生时，学校和老师也会秉持“多一事不如少一事”的态度，不去过问，甚至企图息事宁人。正所谓“打蛇要打七寸”，对于校园霸凌，要从根源上去遏制，在事情未酿成恶果之前，就要及时地对相关学生进行教育和惩治。

忠于内心，不要失掉自己的立场

近年来，校园霸凌事件屡次发生，中关村二小事件绝非个例。

2014 年 4 月，云南新平二中一名女生，下课后在教室内遭到 4 名女生围殴 8 分钟，旁边还有人用手机录像。期间有男生劝阻，竟然也遭到殴打。

2015 年 6 月，南京一名初中生被高年级学生索要钱物，拒绝后遭其殴打，后被拉至厕所并被强迫吸食大便。对方还用手机拍下殴打和侮辱他的过程，并发送给其他学生和学生家长。

同样在 2015 年 6 月，一段时长 2 分 5 秒的视频在网络中被疯狂转发。视频中，一名 8 岁的孩子被几个年长的孩子追打，还传来嬉笑声。

据统计，2014 年至 2015 年上半年，仅被媒体曝光的校园欺凌暴力事件就多达 43 起。

当看到这样的消息的时候，作为旁观者的我们首先感到的是震惊，可这样的感觉并不会持续多久，随后便会被淹没在信息的洪流之中。因为我们没有亲身经历过，不能对此感同身受。大多数时候，我们只能义愤填膺地跟风评论几句。

我们一直以为孩子的世界是简单而纯粹的，殊不知，未成年人承受的欺凌和压力有时候比我们想象的要多得多。遇到问题的时候，长辈时常会劝解“忍一时风平浪静，退一步海阔天空”，可忍耐真的会给自己换来平静吗？答案是否定的。一味地忍让和妥协只会让施暴者变本加厉。面对欺凌，应该勇敢地表明自己的态度和立场，并且捍卫自己的利益。

为什么原先不怎么起眼的校园霸凌现象，如今突然大行其道？总结起来我认为主要有以下几方面的原因：

首先，我国曾长期实行独生子女政策，孩子逐渐成了一个家庭的中心，受到更多的来自父母和长辈的关注，这和过去多数家长对孩子采用“放养”式教育的情况可谓大不相同。从积极的方面讲，对孩子花的精力多了，孩子出现了问题，被人欺负，家长会及时发现，积极干预，这可以说是一种进步。但从消极的方面讲，孩子从小在众星捧月的环境中长大，容易以自我为中心，不善与人交际，一旦遭遇霸凌和欺负，往往会出现更为强烈的反应。而且，霸凌的实施者也一样是独生子女，一样以自我为中心，大有“我欺负人我怕谁，反正家长会给我摆平”的意思。

其次，现在的学生受到社会负面信息的影响更多。早有学者指出，霸凌是一种“社会学习”行为，很多学生表现出这种行为，就是因为受到社会上一些不良思想或暴力倾向的影响。如今社会，网络发达，各种信息对学生几乎不设限，各种负面影响防不胜防。学生可以轻易从影视、游戏、网络文学等各种渠道接触到一些宣扬暴力、崇尚以暴制暴的内容。这样的内容在学生间传播的后果，可想而知。

再次，网络传媒的发达，也让很多事件得以更快更广地传播。尤其是智能手机普及后，照片和视频拍摄更为方便。一些青少年热衷追求新鲜刺激，进行了霸凌还把视频传到网上炫耀，博取其他人的关注和称赞，浑然不知对错为何物。

近年来发生的多起校园霸凌事件，都是因为网络视频而受到关注。比如，2014 年 7 月 8 日，摄自浙江苍南的一段视频在当地疯传，视频中，一名初中生在厕所暴打另一初中生，时间长达 1 分多钟；2014 年 12 月，广东清远，一名初中女生遭到一名女孩带人围住，期间被扯光衣物、脚踢下体、口水唾面……很多画面，甚至连成人网友看了都直呼“太残暴”。

最后，相关法律和惩戒措施不到位，令施暴者很难受到应有的惩罚，久而久之就助长了其气焰。一位处理过类似案件的律师曾称：“这种案子很棘手，对司法机关和我们都是。有社会原因，更多的是立法问题。”现行《未成年人保护法》和《未成年人预防犯罪法》及相关条例重在阐述未成年保护的原则，而对暴力发生后应如何处理的表述却十分模糊，导致了校园暴力发生后通常无法可依，一般只能以家庭教育或学校教育的方式来处理。

家长和学校对类似事件一般也表现出较高的宽容度，只要没致残，哪怕被霸凌的孩子受到了严重的侮辱和伤害，也差不多都是“私了”。因为涉及未成年人，取证难，适用的法律也不健全，执法方基本都是调解了事。

而即便司法介入，囿于现行法律，多数加害者也不担刑责，只以民事赔偿替代，对于未造成身体严重损害的，甚至只是批评教育。《未成年人预防犯罪法》中提到，未成年人有严重不良行为的可以送工读学校进行矫治。但由于各种原因，现如今国内很多地方的工读学校或拆除或更名为专业学校惨淡运转，劳教所目前也已取消。在实际操作中，即使未成年人有上述“严重不良行为”，也大多难以得到矫正和教育。加害者没有得到足够惩戒，某种程度上也鼓励了类似行为的发生。

2015 年 3 月，在美国留学的 2 名中国女学生，遭到同为中国留学生的十多名女生虐待，手段包括拳打脚踢、扒衣裤、烫烟头甚至剪发吃沙，被美国法院判定为“酷刑折磨”。而施暴者家长在得知孩子要受审后，试图贿赂证人，被美国当局逮捕。

中国的法律之所以对未成年人十分宽容，就是因为未成年人是弱势群体，其身心发育尚未完全成熟，要在立法上体现对其的保护。却忽视了在这个群体内部的强弱群体之分。在校园霸凌者对同学肆意侮辱、目无法纪的情况下，在他们犯错之后毫无悔意反而因为逃避了惩罚而变本加厉的情况下，这样的保护还有必要吗？现行法律还适用吗？

都说未成年人是祖国的花朵，那么在这个花园里，这些校园霸凌者就是已经长歪了的花，他们遮挡了别的花朵的阳光，这是浇再多水也无法根治的事情。唯一的方法，就是利用强制手段让这些长歪的花回到正确的生长轨迹。所以对校园霸凌进行立法，用法律来惩治和纠正这种现象，是势在必行的。

以上几方面的原因，共同导致了校园霸凌事件的层出不穷。而此时，一些以往的处理措施，尤其是学校和老师方面的态度，就成为了舆论“讨伐”的焦点。

突破口：你的世界观不是衡量一切的准则

像上面所说的，以往，碰到校园霸凌，学校和家长一般都不太重视，只是当作学生之间的玩闹来处理，很多时候是在敷衍了事。成年人的世界习惯了权衡利弊，奉行的是“大事化小，小事化了”的原则，从而忽视了孩子的真实感受。当大人选择无视霸凌的时候，其实已经给孩子形成了一种心理暗示，遇到事情只能忍让，因为没有人会为自己撑腰，讨回公道。这样就使得孩子的性格更加软弱，在以后的成长之路上做事畏首畏尾。大人的这种态度，除了对霸凌的危害缺乏了解，也有其他一些原因。

第一，长期以来，应试教育体制下，学校的主要职责就是对学生学业的监督管教，学生的升学率，才是学校最为重视的。至于学生的心理健康，社交状况，学生在学校里的日常生活，于他们而言是次要的，不受重视的。

第二，校方没有相应的心理疏导手段，多数老师也缺乏基本的心理干预动机。碰到学生欺负同学，训斥两句了事，如果不是自己碰到，他也不会主动过问。而对于长期遭受欺凌的同学，老师更没有对其进行心灵上的关心和抚慰。

第三，就算出现了比较严重的霸凌事件，校方第一时间大多还是选择遮掩，因为这可能会对学校的声誉造成影响，加上相关法律手段和惩戒办法的空白，学校就更加不愿意无故惹事上身。让双方家长见个面口头道个歉，也就算了，如果受害者家长还不买账，那就是家长“不懂事”了。比如前文中那位发文的家长，就被校领导痛批“不懂事”。

然而，这种应对态度已经越来越跟不上时代了。因为校园霸凌已经不是个别偶发现象，而是普遍多发现象。个别出现的，可以捂一捂，但是频率一高，难免捉襟见肘。

这次的中关村二小霸凌事件，另一个关注点还在于该小学本身。以往在人们的印象中，霸凌和校园暴力一般发生在教学水平较差的学校。可中关村二小作为一所重点学校，入学的门槛是不低的。有人说能进这所学校的，非富即贵，大多有“关系”。可就是这样一所好学校，照样出了霸凌事件，打破了人们“在好学校不会被欺负”的观念。另一方面，家长对霸凌事件的态度已经开始转变，没有那么宽容和好说话，可校方却还想着息事宁人，这就难免会造成冲突。这次的事件，在几个方面，都可以说是一个典型。

面对此情此景，如果校方还想维护自己的声誉，恐怕需要转变一下自己的思路和应对方式。尤其是对老师的角色定位，要有更清醒的认识。

一方面，还是要重提“师德”。中国传统的教育领域，老师的地位很高，所谓“天地君亲师”。但同样的，对老师的德行要求也很高，自身要足以为楷模，对学生的言行也有管束之责。不仅要教书，还要育人。不过，教育产业化以来，教师的素养有越来越低的趋势。加上应试教育的影响，所谓好的老师，似乎只要让学生的成绩上去就可以了，其他的都不用管。这就导致相当一部分的教师，缺乏对学生的耐心、共情以及关怀之心。

近年来，老师殴打学生，体罚学生，甚至让学生互扇耳光的新闻也是层出不穷，从一个侧面体现了教师职业素养的下滑。可以说，教师职责的“唯分数化”“唯学业化”，是应试教育和产业化不当共同作用结出的苦果，其恶果很可能还会陆续显现。对此，我们很有必要进行反思。虽然我们不可能恢复以往教师的地位，但借鉴和发扬传统中优良的一面，让更多愿意为青少年付出时间和耐心、更关心青少年身心健康的人成为教师，仍然是可取的办法。

另一方面，也不能要求教师“全能化”，应做好相应的分工，建立专业心理疏导机制。需要认识到，学校里也有很多方面是老师无法顾及的。老师再有耐心，再有同情心，如果没有受过专业的系统的心理干预训练，也可能无法应对霸凌所导致的心理问题。

这方面，我们国家做得还很不够，远不如欧美、日本等国。

有人认为欧美、日本的校园霸凌发生率高，其实忘了那是因为他们的发现率也高，监管机制也成熟；而在中国，除了媒体曝光的事件外，其实还有很多霸凌不为人知。发现了怎么办？这就需要专业的心理从业人员来进行干预。

例如在英国，中小学均设有心理咨询室，学生可以预约心理咨询。而在中国，类似的机构设施还未普及。这方面如果不能有所进步，那么校园霸凌问题可能依旧无解。

因此，某种程度上，中关村二小霸凌事件的广泛传播，并不一定是一件坏事。它可以促使人们去直面这一问题，而不是继续采取“鸵鸟政策”，不闻不问，让校方有机会反思自己的一些处理方式是否有失当之处，也可以加快相应规定的出台和落实。

例如，就在中关村二小霸凌事件发生前一个月，政府刚刚出台了《关于防治中小学生欺凌和暴力的指导意见》。这一指导意见能否对症下药？是否还能进一步催生“落实细则”？在这些方面，中关村二小事件都不失为一块试金石。

消除一切不善的萌芽

“勿以恶小而为之，勿以善小而不为。”这是刘备去世前给其子刘禅的遗诏中的话。

古人用一言一行诠释着自己为人处世的态度，希望能够借此来给后人作出典范，让他们能够谨言慎行，做一个对国家对社会有用的忠义之人。不要因为觉得好事微不足道而不去做，更不能因为坏事不会带来大的危害而去做。小善积多了就成为利天下的大善，而小恶积多了则会把人一步步推向犯罪的深渊。

有人会说，校园暴力的主角不过是一群涉世未深的孩子，能掀起什么大浪？可当血淋淋的现实被撕扯开外衣赤裸裸地摆在我们眼前的时候，我们才发现这群孩子心中，正在萌发着严重的暴力倾向。这种以侮辱他人为乐的霸凌行为，看似“小恶”，短时期内不会酿成什么大错，可长此以往，当恶行一点点积累，势必会引起一场轩然大波。更何况，校园霸凌对受害者造成的阴影，又岂是简单的一句“恶作剧”就能轻易抹去的？

俗话说，“三岁定八十”。一个人童年的生活经历对他未来的思想发展有很大影响，世界历史上的变态罪犯，大多都有一个不正常的童年生活，而且正是在这种童年阴影的影响下，才会一步步走上犯罪的道路。所以校园霸凌，不论对施害者还是受害者，都是一段极有可能影响其未来人生走向的不良经历，所以这种现象，是值得我们倾尽全力去杜绝的。每一个孩子都是家长的天使，是父母的心头肉，都应该被公平公正地对待，学校更是一个学习的地方，是青少年良好习惯养成的重要场所，在这里发生的欺凌事件，又怎么能简单地被说成是小事呢？

尤其现在，校园霸凌者的行为越来越出格，有些对受害者的身体伤害之大，如果换作是成年人已经到了可以量刑的地步，心灵伤害之大更是无从估计，造成的社会影响越来越恶劣。网上更有一种激进的观点认为，这些校园霸凌者就算长大了，也会是危害社会的一群人。社会终于意识到，这不再是一个小问题，已经到了必须解决的地步。

孩子的世界观、价值观正处在一个不断修正、不断健全的过程中，在这一阶段，家长、学校，乃至整个社会对孩子的道德和法治教育都是责无旁贷的。所以，从老师到家长，从学校到社会，从校规到法规，从当事人到围观群众，其实都不清楚到底该如何定义校园霸凌。同时，“未成年人”这一身份也成了施暴者的保护伞，越来越多的校园“小霸王”为所欲为，欺凌弱小，却没有得到相应的教育和惩罚。

对于霸凌同学的人，家长和校方要及时对其批评教育，晓之以理，动之以情，必要时采取相应的惩治措施。对于性格内向的被霸凌者，家长应该给予更多的关怀和鼓励，尽可能将因遭受欺凌而造成的心理伤害降到最小。

学校在督导孩子学习成才的同时，更要注重他们的身心健康发展。老师应该发挥好“为人师表”的正能量典范作用，用自己的实际行动对孩子进行品德修养方面的教育和引导，共同为孩子创建一片干净的天地。

而在社会层面来看，学校应该是一个学习知识的地方，如果任这种不良现象持续发展，无异于是在破坏学习环境，对教育事业的发展进步是一大阻碍。社会之所以对校园霸凌相对宽容，根本原因还是觉得孩子还小，可以通过道德教育来使他们迷途知返，不必用法律来惩治。另外，从家长的角度来看，本着“多一事不如少一事”的原则，除非自己的孩子是校园霸凌受害者，否则是不会对这种现象给予过多关注的。

校园霸凌之所以层出不穷，归根结底是因为我国的法律长期以来对“校园霸凌”一词没有明确的界定。虽然不久前，教育部等部委颁布了《关于防治中小学生欺凌和暴力的指导意见》，但这个《意见》主要针对的是那些恶性的校园霸凌事件，对一些细微的欺凌现象无法面面俱到。

即使不能彻底面面俱到，但日益猖獗的校园霸凌现象，已经引起了国家、社会、学校、家长等方方面面的广泛重视，每一方面都希望可以及时发现问题，及时解决问题。但霸凌事件已然发生，再去解决它，仍可能给受害者留下难以愈合的身体或者心灵伤疤。所以，最好的办法是防患于未然。从根源上遏制校园霸凌，需要学校、家长、司法以及社会各界的共同配合，也需要依法惩戒和教育引导的疏堵并举。

第十二章 打开视野，培厚企业家精神新土层

最近，“企业家精神”又成了一个热词。作为市场经济中的“关键少数”和特殊人才，企业家无疑是一个社会最稀缺、最宝贵的财富。创新、探索、诚信……把视野拉开，新时代正在赋予企业家精神全新的内涵。

2017 年 9 月 25 日，中共中央、国务院印发了《关于营造企业家健康成长环境弘扬优秀企业家精神更好发挥企业家作用的意见》，这是中央首次以专门文件聚焦企业家精神。该《意见》明确了企业家是经济活动的重要主体，提出弘扬企业家创新发展专注品质追求卓越的精神。中华人民共和国成立 68 年，中央首次以专门文件明确企业家精神的地位和价值，深意何在？

2017 年 10 月 18 日，在中国共产党第十九次全国代表大会上，习近平总书记代表十八届中央委员会向大会作报告。在谈及企业家精神时，报告中表示：“激发和保护企业家精神，鼓励

更多社会主体投身创新创业。”如此“微言大义”，却是力透纸背，富有新意。

做事有尺度，精神有厚度

中国目前已是全球第二大经济体，这其中，有着形态各异、色彩斑斓的追梦者，他们各自也有着不同的生命价值和使命愿景。毫无疑问，追逐财富的这群人也是“中国梦”不可或缺的组成部分，他们也同样值得全社会的尊敬和爱戴。我国经济经历了近四十年的高速发展，这列疾行的列车上，必然少不了这一群体——企业家。

1800年，法国经济学家让·巴蒂斯特首次提出“企业家”这一概念。他这样说：企业家使经济资源的效率由低转高；“企业家精神”则是企业家特殊技能（包括精神和技巧）的集合。或者说，“企业家精神”是对企业家组织建立和经营管理企业的综合才能的一种表述方式，它是一种重要而特殊的无形生产要素。

世界著名的管理咨询公司埃森哲，曾在26个国家和地区与几十万名企业家交谈。其中79%的企业领导认为，企业家精神对于企业的成功非常重要。其研究报告也指出，在全球高级主管心目中，企业家精神是组织健康长寿的基因和要穴。正是企业家精神造就了二战后日本经济的奇迹，引发了20余年美国新经济的兴起。

一棵茁壮成长的大树，不仅需要高耸入云的枝干，也需要茂密厚实的根系；一个拥抱未来的企业，不仅需要仰望星空的精神高度，也要有根深千尺的精神厚度。正是因为一批批优秀企业家的承前启后，逐渐勾勒出了当代中国企业家群体的精神风貌。他们不是很多公众心中的“投机者”“生意人”或者“有钱人”，而是一群用自己的力量、从自己所在领域开始，努力让这个世界变得更好的理想主义者，商业文明是整个人类文明的关键组成部分。

那么，这些财富英雄们的“精神资产”能否升值、如何升值便成了我们需要关注的重中之重。

在这个社会，如果真的“穷到只剩下钱”，其实是件可怕的事情。因为金钱太容易被洗劫和流失，任何一点稍大的社会动荡都很可能让眼前的财富归零。而在和平时期，如果不具备与财富匹配的能力和学识，一样不能保障一辈子的幸福。很多中了几百万元大奖的幸运儿结局悲惨，因为从天而降的财富让他们失去理智，奖金挥霍一空后他们过得甚至比原先更糟。

一个优秀的企业和一个平庸的企业差距有多大？有数据表明，不会超过5%。虽然这听上去有点危言耸听，但想想，人类和黑猩猩的基因差距不超过2%，人类和大部分哺乳动物的基因差距也不超过5%，正是这个小小的差距使人类成为了这个地球的主宰，而不是其他哺乳动物。那么，企业之间有这样的差距也就不奇怪了。

对于企业来讲，彼此之间一些细微的差距导致有的走向成功，有的则落于人后。这种不均等的发展究竟是由什么原因导致的？我认为最重要的就是企业家精神的差距。也就是说，企业家精神是1，其他是0；没有了这个1，再多的0也是没有意义的。

以计算机行业为例。1945年IBM推出第一台商用计算机以后，计算机经历了大型计算机、微型计算机、个人台式机、笔记本电脑、平板电脑再到智能手机的多次颠覆式创新。而每一次的颠覆者都不是上一代产品的龙头厂家。大型机的垄断者IBM错失了微型计算机市场；没有一家微机制造商最终发展为台式计算机的主要制造商；笔记本电脑很长一段时间内则是日本企业索尼、夏普、东芝独领风骚。为什么会出现这种现象？显然不是因为早前的主导企业占有的数据没有后来者多，也不是因为他们不关注客户需要，而是因为他们判断失误。这样的判断失误与数据的多少无关。

之所以如此，这与我们经常讲的不确定性概念有关。不确定性意味着什么？意味着基于过去无法预测未来。

其一，企业的生存环境日益复杂多样、多元，各种要素交织、纠缠在一起，形成“我中有你，你中有我”的新生态，使我们越来越看不清主航道，把握不住主线。其二，这个世界变化的速度与节奏太快，企业难以把握时代前进的脉搏，赶不上时代变化的节奏，认不清新事物的真面目，所以感觉到越来越难以适应。其三，成功模式不断被颠覆，这个世界变得越来越随机而不连续，过去成功的模式失效，经验失灵，企业的成长开始变得无迹可循，让人对未来摸不透、吃不准，心里没有底。这就是我们需要企业家的原因，如果能用数据预测出未来就不需要企业家，只需要管理者甚至机器人即可。企业家对未来的预测不是基于统计模型，不是基于计算，而是基于自己的心智、想象力、警觉性、自信心、判断和勇气。

诚然，度量企业家的价值，评定他们“精神资产”的升值空间，最主要的是看他们用什么样的方式组织要素资源，通过创新、管理、运营为消费者和社会创造出了怎样的正向价值。从商业文明的角度来看，企业家首先应该用正当方式获利；接下来是用创新的方式提供消费者剩余，在资源配置和生产关系方面进行革新，激发新的生产力；再进一步，是要对利益相关者和社会产生正外部性；最后，是努力使企业成为社会进步的阶梯，更好地回馈社会。

比能力更重要的，是颠覆性的活力

当今世界上企业家精神最旺盛的地域无疑是中国。在这片土地上，有“20 后”的褚时健，“30 后”的周家礽，“40 后”的任正非、柳传志、张瑞敏，“50 后”的马明哲、李东生、董明珠，“60 后”的马云、李彦宏、雷军，“70 后”的马化腾、刘强东、周鸿祎、王兴、李斌，“80 后”的汪滔、程维、张一鸣，还有“90 后”的创业者和承接父辈事业的接棒者，甚至“00 后”创业者也已开始出现，他们给中国经济的发展注入了活力。在经济新常态的语境下，随着“大众创业、万众创新”时代的到来，我们比任何时候都更需要一批具有全球视野和创新意识的企业家。

企业家作为社会财富的创造者，理应受到社会尊重，但社会的认知偏差，使许多企业家的心态灰暗，阳光不起来。利润不阳光，也就难以享受阳光生活，导致企业做大了，企业家却没有成就感，得不到社会尊重；成一方首富了，财富的来源却备受争议，没有安全感，失去持续奋斗的动力和激情。同时，随着反腐的不断深入，贪官的落网牵扯到了不少企业家，一些企业家头上始终悬着一把利剑，不知什么时候会落在自己头上。社会大环境的逼仄，给众企业家的信心和预期带来不少负面影响。

2016年，一句“不要让曹德旺跑了”瞬间引发国内媒体关注，而2017年6月这位赴美投资超10亿美元的“玻璃大王”，又因“曹德旺在美国摊上事了”“曹德旺痛不欲生”的新闻再次陷入舆论旋涡中心。曹德旺是何许人也？事情的来龙去脉究竟又是怎样的？

曹德旺，1946年出生于福建福清，福耀玻璃创始人，人称中国的“玻璃大王”。1987年成立福耀玻璃有限公司，是中国最大的汽车玻璃制造厂商，世界第六大汽车玻璃生产商。

2016年，曹德旺的福耀玻璃漂洋过海来到美国俄亥俄州，花了10亿美元，将通用汽车的一个废弃工厂加以改造，雇了一帮美国人轰轰烈烈地生产起了玻璃……然而，2017年6月，在福耀的美国厂房里，劳资双方发生了强烈的冲突，媒体的聚光灯马上投向了这位70多岁的玻璃大亨。

“福耀玻璃在美国遇到麻烦”系列报道一出，很多人立刻翻出半年前曹德旺赴美投资设厂时的系列言论，他当时曾表示“国外税费低”“能源成本廉价”，许多人开始抱着幸灾乐祸的心态看待这件事。

按曹德旺本人的说法，“福耀制造的市场销路65%在中国，我跑出去干什么呢？”在美国工厂开通之时，曹德旺在天津的项目也开通了，还在苏州工业园区拿了一块地。这么看，把曹德旺在美国投资，理解为一个企业家在对国内国际市场进行比较权衡后，在世界范围进行的产业布局，或许更合理。

不难发现，其实，把曹德旺从舆论的旋涡之中解脱出来的，不仅是他直面“走出去”这一对中国企业既是挑战也是机遇的课题的勇气，更离不开他作为一个企业家的拳拳报国心。跨国建厂做大企业，他的初心一直在那里。

曹家世代经商，家境殷实，然而却在动荡的时局中变得一贫如洗。曹德旺9岁开始读书，14岁时因为家境太艰难，不得不辍学回家放牛。之后为了谋生，他种过木耳，当过水库工地炊事员、修理员，还倒卖过果树苗。凭着“让日子过得好一点”的简单愿望，经过多年的打拼，他终于摆脱了贫困。提及这段历史，曹德旺不但没有丝毫的抱怨，反而认为这是他人生中非常宝贵的财富。

美国心理学大师塞利格曼说：“如果你想快乐一小时，就去睡个午觉；想快乐一天，就去野外活动；想快乐一辈子，就去帮助别人。”从小父母就谆谆教导曹德旺，“穷则独善其身，达则兼济天下”，曹德旺做到了。

从1983年用赚到的第一桶金给母校买2000元桌椅开始，30多年来，曹德旺的捐赠额已近80亿元。与巨额捐款数相媲美的是，他为中国开创了一个全新的民间慈善模式：由民营企业家捐出自己拥有的公司股票，每年用股权收益投入慈善事业——2011年5月，曹德旺捐出个人名下的3亿股福耀玻璃股票发起成立河仁慈善基金会（依当时股价计算，总价值约合人民币35.49亿元），随后，河仁慈善基金会与南京大学合作成立了“河仁社会慈善学院”，招收贫困省份的贫困学生学习相关课程，培养慈善事业方面的专业人才。他还提出，做慈善跟做投资一样，要进行项目管理，要让救助资金实现效果最大化。

侠之大者，为国为民；商之大者，利国利民。有家国情怀、精神信仰、使命担当，才能使企业经营者升华为企业家。回顾福耀玻璃的发展历程，曹德旺也并不是一直顺风顺水。面对媒体，他谈到更多的是对事业的反思、对生活的调侃，还有十分“接地气”的曹氏幽默。曹德旺说：“企业家总归一句话就是报国为民。要记住国家会因为有你而强大，人民会因为有你而富足，社会会因为有你而进步，这就是企业家精神。”正是因为他用这样的企业家精神对自己“高标准、严要求”，他才能实现对自我的不断超越，才能引领企业持续健康发展。

企业家是企业成长的天花板。企业家精神的缺失，是企业成长和中国经济转型成长的最大瓶颈，什么样的企业家行为最犯忌，我概括为以下十个方面。

一、无信念和理想追求，人生价值迷惘，没有超越利益之上的追求，愿景领导力短缺。发财致富以后不知自己要什么，想干什么，沉溺于享乐，信仰错乱。

二、事业激情衰竭，小富即安，安于现状，享乐至上，追求奢靡生活，炫富比阔，不愿持续艰苦奋斗，不再为企业的发展竭尽全力、勇于奉献。

三、机会导向，热衷于赌机会，捞快钱，不敢为未来发展做长期投入，在人才、技术、管理、品牌等软实力上舍不得投入，不关注企业内在核心能力建设。

四、构建扯不清的官商利益关系网络，穿梭于官商勾结与寻租，找靠山、攀附权贵，腐蚀政府干部，依赖行贿及潜规则获取稀缺资源。

五、追求低质低价，甚至制假卖假；逐名、尚虚，不专注品质，缺乏追求卓越的工匠精神。

六、不守法经营，善钻法律与制度空子，偷税漏税，不愿付出规则成本，将不安全、不环保的产品推向市场，丧失道德底线，逃避社会责任。

七、言行不一，对顾客与合作伙伴海口承诺，不以客户为中心，不信守承诺，商品交易中不讲信用，坑蒙拐骗。

八、创新动力与活力不足，懒于创新，不鼓励、不支持、不包容创新；心胸狭窄，对创新及有能力的人才求全责备，不宽容；思维保守，缺乏全局视野与全球化领导力，领导方式方法陈旧。

九、个人凌驾于组织，不关注组织能力建设，个人能力大于组织能力；利益独占，不分享；官僚主义与形式主义的工作作风，不务实，不深入一线，不接地气，不贴近员工与客户，不关心、不培养人才，不带队伍。

十、漠视外部环境变化，自我感觉良好，自大狂妄；没有危机感，不愿拥抱变化，不敢承担变革风险与责任；不学习，没有自我批判精神与空杯心态，不能自我超越。

根植于土壤，保持特色，重视品行

萧瑟秋风今又是，换了人间。《中共中央国务院关于营造企业家健康成长环境弘扬优秀企业家精神更好发挥企业家作用的意见》（下称《意见》），明确了激发和保护企业家精神的总体要求和主要任务，提出了一系列改革措施，引起了社会热烈反响。这个中央高规格文件，为何聚焦企业家群体？在中国经济发展的关键期，弘扬优秀企业家精神又有何重大意义？

党的十九大报告指出，我国经济已由高速增长阶段转向高质量发展阶段，各大企业的发展轨迹亦是映射了这个转型精进的过程，由“从无到有”的高速建设阶段逐步向“从有至优”的以追求卓越品质为目标的发展阶段。创业干劲不能停、不能少，同时还要实现管理、治理结构及产业的不断优化，实现企业的可持续发展。企业家是能把所有资源整合起来，创造财富，推动人类进步的核心资源。中央现在如此重视，这是回归了常理。

党中央、国务院为激发与保护优秀企业家精神，在《意见》中提出了总体要求和具体举措，它扣紧了“企业家精神传承难”这一主题，弘扬企业家精神，其实难就难在“传”与“承”两点上，意义极其重大。作为我国首个聚焦企业家精神的文件，在这里我总结了《意见》传递出的十大亮点。

一、明确了企业家的地位和价值

《意见》明确指出，企业家是经济活动的重要主体。营造企业家健康成长环境，弘扬优秀企业家精神，更好地发挥企业家作用，对深化供给侧结构性改革、激发市场活力、实现经济社会持续健康发展具有重要意义。

二、肯定了企业家的历史贡献

《意见》指出，改革开放以来，一大批优秀企业家在市场竞争中迅速成长，一大批具有核心竞争力的企业不断涌现，为积累社会财富、创造就业岗位、促进经济社会发展、增强综合国力作出了重要贡献。

三、企业家未来的发展将融入实现“中国梦”的伟大进程

《意见》指出，要调动广大企业家积极性、主动性、创造性，发挥企业家作用，为促进经济持续健康发展和社会和

谐稳定、实现全面建成小康社会奋斗目标和中华民族伟大复兴的“中国梦”作出更大贡献。

四、企业家的合法权益有了法律保障

《意见》明确提出依法保护企业家三大权益：（1）依法保护企业家财产权；（2）依法保护企业家创新权益；（3）依法保护企业家自主经营权。

五、明确提出弘扬企业家三大精神，赋予企业家精神全新内涵

《意见》倡导弘扬企业家三大精神：（1）弘扬企业家爱国敬业、遵纪守法、艰苦奋斗的精神（引导企业家树立崇高理想信念，强化企业家自觉遵纪守法意识，鼓励企业家保持艰苦奋斗精神风貌）；（2）弘扬企业家创新发展、专注品质、追求卓越的精神（支持企业家创新发展，引导企业家弘扬工匠精神，支持企业家追求卓越）；（3）弘扬企业家履行责任、敢于担当、服务社会的精神（引导企业家主动履行社会责任，鼓励企业家干事担当）。

六、明确提出构建“亲”“清”新型政商关系

《意见》提出，要畅通政企沟通渠道，规范政商交往行为。各级党政机关干部要坦荡真诚同企业家交往，树立服务意识，了解企业经营情况，帮助解决企业实际困难，同企业家建立真诚互信、清白纯洁、良性互动的工作关系。鼓励企业家积极主动同各级党委和政府相关部门沟通交流，通过正常渠道反映情况、解决问题，依法维护自身合法权益，讲真

话、谈实情、建诤言。引导更多民营企业家成为“亲”“清”新型政商关系的模范，更多国有企业家成为奉公守法守纪、清正廉洁自律的模范。

七、强调政府对企业家提供优质高效务实服务的职能

《意见》提出，要以市场主体需求为导向深化“放管服”改革。围绕使市场在资源配置中起决定性作用和更好发挥政府作用，在更大范围、更深层次上深化简政放权、放管结合，优化服务。做好“放管服”改革涉及的规章、规范性文件清理工作。建立健全企业投资项目高效审核机制，支持符合条件的地区和领域开展企业投资项目承诺制改革探索。优化面向企业和企业家服务项目的办事流程，推进窗口单位精准服务。

八、企业家将有更多机会参政议政

《意见》提出，要健全企业家参与涉企政策制定机制。建立政府重大经济决策主动向企业家问计求策的程序性规范，政府部门研究制定涉企政策、规划、法规，要听取企业家的意见建议。保持涉企政策的稳定性和连续性，基于公共利益确需调整的，严格调整程序，合理设立过渡期。

九、将强化企业家的道德约束与诚信要求

《意见》明确提出，要强化企业家自觉遵纪守法意识。企业家要自觉依法合规经营，依法治企、依法维权，强化诚信意识，主动抵制逃税漏税、走私贩私、制假贩假、污染环境、侵犯知识产权等违法行为，不做偷工减料、缺斤短两、

以次充好等亏心事，在遵纪守法方面争做社会表率。《意见》还明确提出要实施企业诚信承诺制度，督促企业家自觉诚信守法、以信立业，依法依规生产经营。利用全国信用信息共享平台和国家企业信用信息公示系统，整合在工商、财税、金融、司法、环保、安监、行业协会商会等部门和领域的企业及企业家信息，建立企业家个人信用记录和诚信档案，实行守信联合激励和失信联合惩戒。

十、对大胆探索、锐意改革出现的失误予以容错

《意见》提出，树立对企业家的正向激励导向。营造鼓励创新、宽容失败的文化和社会氛围，对企业家合法经营中出现的失误失败给予更多理解、宽容、帮助。对国有企业家以增强国有经济活力和竞争力等为目标、在企业发展中大胆探索、锐意改革所出现的失误，只要不属于有令不行、有禁不止、不当谋利、主观故意、独断专行等情形者，要予以容错，为担当者担当、为负责者负责、为干事者撑腰。

融合共享，单打独斗不如抱团取暖

2017年，一部浙商题材电视剧《鸡毛飞上天》在荧屏热播。《鸡毛飞上天》剧情时间跨度超过40年，以陈江河和骆玉珠的感情与创业故事为主线，讲述了三代义乌人立足于义乌放眼全球，从“鸡毛换糖”一步步成功走向世界的创业故事，称得上是一部既艰辛曲折又充满激情的创业史和感情史。因其贴近生

活的表现形式和不同于其他题材的真实感，受到了观众与媒体的广泛关注。

“企业家不是读书读出来的，而是拿着自己的资本，冒着大风险，在社会大学里磨炼出来的。”这部反映义乌商人创业史的现实题材作品受到追捧，在一定程度上也透露了人们对于企业家精神的向往。

《意见》对弘扬优秀企业家精神提出了“36个字”要求，即弘扬企业家“爱国敬业遵纪守法艰苦奋斗”的精神、“持续发展专注品质追求卓越”的精神、“履行责任敢于担当服务社会”的精神。事实上，这36字要求，是企业家在企业经营管理过程中，应该逐步形成的优秀心理状态、价值观念以及思维方式。

这次的文件既是激励的号角，也是约束的轨道，不能简单地将其理解为一边倒地颂扬和支持。在改革开放近四十年的今天，中国企业家也要有新境界、新精神、新水平。要踏上春天的步伐，成为受人尊重的优秀企业家，在不确定时代，我以为，当代中国企业家确定要做的是：

一、海纳百川，善于整合资源

当今全球一体化趋势日渐明显，一个企业家不能放眼世界，必定会被市场所抛弃。同时，我们如今所处的互联网时代，更崇尚融合共享的精神，世界各国的政治经济文化都相互影响、相互包容。在这种情况下，我们更要有一种包容一切的气度，善于整合全球资源，用天下之材。这其中，还需要有对不同见解的包容、对陌生的包容、对弱者的包容与善待。

唯有如此，作为企业家，才会形成一种从广大处觅人生的态度，把生命的境界做大，把事业做大。许多企业家已经意识到资源整合的重要性，积极采取全球化发展战略，以期对全球资源进行整合和高效利用，尽可能地实现产业的全球融合。

二、创造性发挥，走出属于自己的路

企业家一词源于法文，原意带有“冒险家”的意思。一般的企业经理并不能被称为企业家，只有那些有创新思想和创新业绩并具有“企业家精神特质”的企业领导者才能称得上是企业家。企业家是一种稀缺的社会资源。作为企业“创新者”群体中的领头者，对企业发展具有引领作用。没有企业家的“头羊效应”，企业就难以焕发蓬勃生机、完成改革发展重任。

要将企业的发展融入实现中国梦的进程，以专注品质、持续创新的精神为社会提供稳定、可靠、安全、环保的产品与服务；要从依赖成本优势，转向技术超越与品牌超越，做产品要真材实料，致力于做好东西而不是便宜的东西；要敢赌未来，真正舍得在技术、人才、管理上投入，实现创新与人才驱动，提高产品附加价值，提升企业盈利能力。

三、企业必须承担多元化社会责任

马云说过，我们不应该仅仅关注一个人的财富值，“首富”应该是“首负”，负责任的“负”。王健林说：“什么叫企业家精神？罗曼·罗兰有一句话，‘最高尚的人，不为自己活，不为自己死’，我觉得这就是企业家精神。”万达集团把“共创财富，公益社会”作为企业使命，恐怕并不偶然。王石则认为，企业家精神一定包含对社会的某种担当、承担。既然是担当、承担，就要承受一般人想象不到的东西。刘永好说，企业家精神是有爱，有创造，有担当……

公益被誉为商业的更高形式，“有担当”则是企业家的最高褒奖。今天，我们比以往任何时候都靠近小康社会，所产生的富豪比以往任何时候都多。如果每个企业家都有精神高度，都敢于担当，不仅能成就自我，更能带给社会希望与温度。

四、合作共赢，送你上青云

独木不成林，只有千树万树唇齿相依，才有那阵阵松涛。一花不成春，只有千朵万朵压枝低，才有那满园春色。

斯凯恩在《哈佛极简经济学》中说道：正如艾伯特·赫希曼所言：企业家在重大决策中实行集体行为而非个人行为。尽管伟大的企业家表面上常常是一个人的表演，但真正的企业家其实是擅长合作的，而且这种合作精神需要扩展到企业的每个员工。企业家既不可能也没有必要成为一个超人，但企业家应努力成为蜘蛛人，要有非常强的“结网”能力和意识。西门子公司是一个例证，公司秉承员工为“企业内部的企业家”的理念，开发员工的潜质。在这个过程中，经理人充当教练角色，让员工进行合作，并为其合理的目标定位实施引导，同时给予足够的施展空间，并及时予以鼓励。西门子公司因此获得令人羡慕的产品创新记录和成长记录。

人们常说：“小合作就有小成就，大合作就有大成就，不合作就很难有什么成就。”如果我们想把企业做大，“合作”两个字是必不可少的精神品质。要从凭借个人能力转向靠机制、靠制度、靠组织去经营企业，去提升组织整体运营效率，从而为社会提供稳定、可靠、安全、环保的产品，打造一个不依赖于个人的组织，完成从机会成长到组织成长，从个人能力到组织能力的转型，从而实现真正的共赢。

五、创新是企业家精神的灵魂

1755年，法国经济学家理查德·坎博龙将企业家精神定义为“承担不确定性”；1815年，萨伊《政治经济学概论》第一次将企业家列入经济发展的要素之一，尽管萨伊忽略了资本形成的创造性和责任心——企业家精神重要的两翼。

与一般的经营者相比，创新是企业家的主要特征。一个成熟的企业家的创新精神体现为能够发现一般人所无法发现的机会，能够运用一般人所不能运用的资源，能够找到一般人所无法想象的办法。当然，对于一个企业家而言，创新的内容涵盖的范围非常广泛，既包括产品创新，也包括管理创新、组织形式创新、市场创新等。

六、学习是企业家精神的关键

荀子曰：“学不可以已。”彼得·圣吉在其名著《第五项修炼》中说道：“真正的学习，涉及人之所以为人此一意义的核心。”学习与智商相辅相成，以系统思考的角度来看，从企业家到整个企业必须要持续学习、全员学习、团队学习和终身学习。企业家要拥抱变化、敢于承担创新与变革风险，向一切优秀的人学习，自我批判，自我超越。

人与人之间从来都是相互关联的，相互学习、相互抱团、相互支援，这几乎是企业家们不二的选择。首先，企业家要积极参与交流、学习活动，以此为平台，寻找商机、拓展人脉资源，找到自身的定位；其次，企业家要学会在学习中落地应用管理知识，打造企业发展的软实力；最后，通过各种机制的配合和工具的使用，找到企业的人才培养、引进机制，加强与员工的沟通与交流，为企业创造更多优质高效的发展平台。

个体的修行是最大的生产力

时代呼唤企业家精神，而企业家精神更需要制度呵护。《意见》的出台，为企业和企业家营造了一个创新思维、放手发展的好环境和好氛围。法律权威树立起来了，让公有财产和非公有财产一律受到保护，才能给予广大人民、众多企业经营者财产安全感，保证社会稳定和经济持续增长。

没有企业家，就难有企业家精神。乔布斯之于苹果公司，李健熙之于三星电子，盛田昭夫之于索尼，马云之于阿里……企业家是企业的全息缩微，企业是企业家人格的外化和物化，是企业家内心在现实世界中的投射。更极致的说法，一个企业的成功，必定是企业家的成功；假若企业失败，也必定是这个企业家的失败。所以，颠扑不破的真理是，相对于一个企业来讲，掌舵人的存在与贡献无可取代，如若要想做成百年老店，非有企业家精神不可，毕竟企业家终会老去，而企业家精神则会薪火相传。

“有恒产者有恒心。”中国的企业家无疑正处在一个最好的时代，改革开放近四十年，企业家有了越来越好的生存环境，企业家的创新精神日益得到尊重，企业家的创业创富梦想也有了实现的机会。无论是哪行哪业的成功者，个体的修行都是支撑他们的重心。在这样一个全新的时代里，每一个企业家都应该有一种“胸怀”和“情怀”，要有“包藏宇宙之机，吞吐天地之志”，也要有“经国济世，以天下苍生为己任”的大情怀。一个企业家的心理境界，正是中国人说的心性修为，也是一种关键生产力。而它，对应着企业的管理哲学、文化、价值观，更决定着企业的生死存亡。不管东西南北风，咬定青山不放松，在最贫瘠的土地上，精准发力，便能培育出最甜美的果实。

新起点上再发力，假以时日，中国这片土地上必定会出现一大批伟大的企业，一大批伟大的企业家！

图书在版编目（CIP）数据

中国活法. Ⅱ / 张子毅 著. — 北京：东方出版社，2018.3
ISBN 978-7-5060-9964-6

Ⅰ. ①中…　Ⅱ. ①张…　Ⅲ. ①个人—修养—通俗读物　Ⅳ. ①B825-49

中国版本图书馆CIP数据核字（2017）第291377号

中国活法Ⅱ
（ZHONGGUO HUOFA Ⅱ）

作　　者：张子毅
责任编辑：王　端
出　　版：东方出版社
发　　行：人民东方出版传媒有限公司
地　　址：北京市东城区东四十条113号
邮　　编：100007
印　　刷：三河市金泰源印务有限公司
版　　次：2018年3月第1版
印　　次：2018年3月第1次印刷
印　　数：1—15 000册
开　　本：880毫米 × 1230毫米　1/32
印　　张：8.375
字　　数：163千字
书　　号：ISBN 978-7-5060-9964-6
定　　价：42.00元
发行电话：（010）85924663　85924644　85924641